KB044676

게으른 자를 위한

게으른 자를 위한

이광렬 지음

블랙피쉬 Black Fish

추천의 글

이 책을 절반쯤 넘길 때까지도 책 제목이《게으른 화학자를 위한…》인 줄 알았다니, 저는 정말 도둑이 제 발 저린 게으른 화학자인 모양입니다. '게으른' 화학자로서 '게으른' 주부로서 더 게을러져도 좋다고 위로와 솔루션을 던져 주는 이 책이 반갑습니다. 아이러니하게도 책을 읽으면서 뇌는 더욱 분주하게 움직임을 느끼게 됩니다. 우리 주변에서 매 순간 일어나는 유익하거나 유해한 다양한 화학 반응들을 이해한다는 것은 우리의 건강을 지키고 삶의 질을 드높입니다. 주기율표를 외우는 것이 화학의 본질이 아님을 중고등학교 시절에 알았더라면, 화학을 미워하는 이들이 조금은 줄어들지 않았을는지… 책을 읽는 동안 한 번이라도 바빠지는 뇌의 움직임을 느꼈다면 여러분은 화학을 사랑할 준비가 되어 있습니다. 아니, 사랑하고 있습니다! 밝은 미래를 마주하고 있는 중고등학생들에게 '화학 입덕' 서적으로 이 책을 추천하는 바입니다. Welcome to the World of CHEMISTRY!

○ 문회리 이화여자대학교 화학과 교수

●

중고생 시절 그렇게 미워하던 화학이 우리 집 살림을 해 주네요. 생활이 편해지는 화학의 재미에 빠져 보세요.

○ 신애라 배우

●

제목부터 범상치 않다. 도대체 게으른 자를 위한 화학책이라니. 그런데 서바이벌 집안일의 흥미진진한 경험담과 하나하나 꼼꼼히 검증한 생활 밀착형 솔루션을 읽다 보니, 화학의 원리를 슬기롭게 써먹으면 삶이 더욱 게을러질 수 있겠다 – 보다 정확하게는, 하고 싶은 일에 더 많은 시간을 보내는, 삶의 격이 높아진다 – 는 희망이 생긴다. 산-염기 화학과 산화-환원 반응만 제대로 이해하면 세상의 거의 모든 문제를 풀 수 있다고 나는 수업 시간에 가르친다. 시간 가는 줄 모르고 이 책을 다 읽고 주변을 둘러보니, 주방 싱크대에 쌓인 그릇과 얼룩덜룩한 욕실 바닥 문제부터 풀어야겠다는 의욕이 생긴다. 손으로 해 보면 더 잘 알게 되고, 알게 되면 더 궁금해진다. 화학의 대중화는 집안일 진심에서 출발한다.

○ 이동환 서울대학교 화학과 교수

●

'~카더라'식 가짜가 난무하는 세상에서 과학적 근거로 생활 지식을 제대로 알려 주는 빛과 같은 책! 식당을 운영하면서 음식을 하거나 청소를 할 때 생기는 현상에 궁금한 것이 정말 많았습니다. 아쉽게도 부지런하게 인터넷을 찾아봐도 검증되지 않은 이상한 답들이 난무합니다. 저는 이 책을 읽는 순간, 갑자기 세상의 이치를 깨치는 것 같은 경험을 하게 되었습니다. 그리고 이제는 게을러질 수 있을 것 같습니다. 청소하느라 이것저것 세제를 섞지도 않을 것이고 눌어붙은 프라이팬도 너무 쉽게 설거지를 할 수 있습니다.
우리가 사는 세상은 화학으로 이루어져 있기 때문에 화학을 모르면 손해 보는 것이 많습니다. 저같이 음식점을 운영하는 사람뿐만 아니라 가정이나 모든 생활에서 현실적 도움이 되는 책입니다. 한번 책을 읽는 약간의 부지런함으로 영원한 게으름을 누릴 수 있습니다.

○ 이진형 핏제리아오, 순대실록 부대표

●

《게으른 자를 위한 수상한 화학책》은 화학을 두려워하는 모든 게으름뱅이들에게 전하는 웃음 가득한 구원의 메시지입니다. 이 책은 마치 좋은 친구와 대화하듯 화학의 복잡한 세계를 유쾌하게 풀어내며, '화학적 반응'이라는 단어가 당신의 머릿속에서 '화학적 재미'로 변모하기를 기다립니다. 저자의 필력은 과학의 정수를 흥미진진한 일상의 이야기로 전환시키며 독자들을 기쁨의 화학 반응으로 이끕니다. 이 책을 통해, 화학이란 우리가 일상에서 마주치는 농담 속에 숨어 있는 지혜임을 깨달을 것입니다.

○ 이희승 카이스트 화학과 교수

약 22년 전 제가 대학원에 다니던 시절, 항상 화학에 진심으로 시간을 쪼개 연구하시며 저희들에게 실험 기법과 유의점을 짚어 주시던 이광렬 교수님의 모습이 눈에 선합니다. 이제는 대중들에게 청소, 화장품 등 일상생활에서 화학을 활용하는 방법을 쉽게 알려 주시네요.

우리가 학교에서 화학을 배우지만 크게 흥미를 느끼지 못하는 이유가 무엇일까요? 아마도 공부한 내용이 책에만 머물러 있고, 화학이 일상생활의 문제 해결을 위한 도구로 이용된다는 것을 잘 인식하지 못하기 때문일 것입니다. 이 책은 교과서로 배운 산화-환원 반응, 중화 반응 등이 실생활에서 어떻게 활용되는지 쉽고 재미있게 설명해 줍니다. 빵을 부풀리는 데 사용된다고 배운 베이킹 소다(탄산수소나트륨)와 식초를 이용하여 화장실 바닥을 청소할 수 있고, 식초 대신 레몬에 들어 있는 산인 구연산(시트르산)을 이용할 수 있다는 점도 새롭습니다. 또한 수소 결합이 보습제의 작용 원리와 관련이 있고, 산화제로 사용되는 과산화수소가 욕실의 얼룩을 없앨 수 있다는 것도 알게 됩니다. 마지막으로 천연 락스와 같은 인터넷에 나오는 잘못된 정보를 화학적으로 명쾌하게 반박하는 내용도 인상적입니다.

일반인뿐만 아니라 중고등학생들에게, 화학을 어떻게 내 삶에 적용할 수 있는지 구체적인 방법을 알려 주는 아주 유익한 책입니다. 이 책을 통해 많은 학생들이 화학을 공부하는 동기 부여가 되고, 진로 탐색과 설계에 도움이 되었으면 하는 바람입니다.

○ 조형훈 정의여자고등학교 화학 교사

프롤로그

우리가 게으른 화학자가 되어야 하는 이유

인생이 참 짧다는 생각을 합니다. 제가 세상에 나와서 배우고 숙성하게 되는, 즉 진정한 독립된 연구자의 커리어를 준비하는 시간이 무려 32년이나 걸렸습니다. 실험실을 꾸리고 학생들과 같이 연구하면서 지내 온 시간이 20년. 그런데 그 20년이라는 시간조차 좀 더 괜찮은 연구를 하기 위한 준비 단계에 불과하다는 생각을 합니다. 이제 좀 해 볼 만한데 은퇴가 아주 먼 미래의 일만은 아니군요. 앞으로 연구를 활발히 할 수 있는 기간은 20년도 채 남지 않았습니다. 그래서 저는 시간에 대한 강박을 안고 사는 듯합니다.

아이가 세상에 나오고 나서 제게 준 보석과 같은 시간들. 가족이 같이 여행을 다니고 음식을 나누며 웃고 만들어 간 즐거운 시간들. 이 시간들은 왜 그리 짧았을까요? 아름답고 소중한 것들은 빨리 사라집니다. 길게 여운을 느낄 새도 없이 쏜살같이 도망을 칩니다.

처음 만나 사랑에 빠지고 손을 잡고 서로를 바라볼 때, 그때 우리는 참 어리고 유연하고 또 예쁘고 잘생겼지요. 젊음이란 선물을 받았던 누구라도 그러합니다. 이제 시간이 지나 피부는 탄력을 잃고 어릴 때의 예쁨과 잘생김은 다 사라지고 없습니다. 아내가 우스개로 하는 말. '예전에는 못생기기만 했는데 이젠 늙고 병들고 못생겨졌어.' 앉았다가 일어날 때면 관절은 삐걱거리고 '아이고' 하는 추임새가 저절로 나옵니다. 젊음이 준 아름다움은 그 유효 기간이 참 짧습니다. 이 좋은 시간을 서로 다투고 슬픈 생각을 하면서 보내 버리기에는 너무 아깝습니다.

우리의 하루는 다양한 행동으로 채워져 있지요. 그런데 정말 중요한 일을 하는 시간이나 즐거움에 집중하는 시간 자체는 그다지 길지 않습니다. 우리가 아침에 화장을 하거나 머리에 힘을 주고 일터로 향하는 데 들이는 시간이 상당히 깁니다. 또 밥을 하고 설거지를 하고 빨래를 하고 널고 개고 집 안 곳곳 청소를 하고 살지요. 표도 안 납니다. 그러나 누군가는 해야 살 만한 집으로 변하고 가족들이 건강하고 편하게 생활할 수 있습니다. 그런데 밥을 같이 먹는 시간이 즐겁고 깨끗한 집에서 같이 TV라도 보면서 낄낄거릴 때가 즐겁지 설거지와 청소가 그다지 즐겁지는 않더군요. 물론 청소를 즐기는 분도 있겠지만요.

그래서 저는 화학적 살림살이를 권해 드립니다. 신경을 크게 안 써도 집 안이 깨끗해지고 청소, 설거지에 들이는 시간을 줄이니 가족이 모여서 이야기할 수 있는 시간이 늘어나거든요. 본인의 인생에서 중요한 목표를 위해 쓸 수 있는 시간도 늘어나고요. 화학적 살림살이는 육체적으로 그다지 힘들지는 않아요. 게으름을 피우면서도 할 수 있는 것들이 많습니다. 가족 구성원 누구라도 지식만 있다면 얼마든지 할 수 있어요.

《게으른 자를 위한 수상한 화학책》은 바쁜 일상 속에 자신만의 시간을 만들어 내기가 어려운 모든 분들을 위해서 만들어진 책입니다. '게으른 자'가 되고 싶으나 현실의 상황이 허락하지 않아서 억지로 '부지런한 자'가 되어 버린 모든 분들에게 조그만 시간 선물을 해 드리고 싶습니다. 이 책을 가벼운 마음으로 읽고 그중 기억나는 것들이 있다면 살림살이에 써 보세요. 그냥 무의미하게 버리는 시간을 아껴서 인생에서 더 아름답고 소중한 순간들을 만들어 가세요. 밥그릇에 말라붙은 밥풀을 떼는 데 써 버리기엔 우리 인생이 너무 아깝습니다.

·차례·

1부 버릴 뻔한 시간을 아껴 주는 즉석 화학 활용법

1장 화학적으로 청소 횟수를 줄이는 질문

2장 게으른 자가 깔끔해지는 질문

3장 반짝반짝 관리되는 청결한 질문

4장 가짜 과학은 그만! 안전하게 먹고 사는 건강한 질문

3부 게으른 자들이여, 이것만은 하지 말자

1부

버릴 뻔한 시간을 아껴 주는 즉석 화학 활용법

chemistry

1장

화학적으로 청소 횟수를 줄이는 질문

1 게으른 자는 어떻게 설거지할까?

최대한 시간을 아껴 쓰고 시간을 남겨서 게으름을 피우는 것이 저의 큰 목표 중 하나입니다. 설거지 시간만큼 아까운 것도 없지요. 물론 식기세척기를 쓰면 시간이야 아낄 수 있겠지만 이상하게 식기세척기는 안 쓰게 되네요. 그릇 몇 개 되지도 않는데 번잡스럽기만 하고.

집에서 설거지를 한다고 해 봐야 좀 어려움이 있는 것이라면 1. 기름기가 있는 조리 기구나 식기, 2. 밥알이 딱딱하게 굳어 버린 밥그릇 정도지요. 저는 화학자입니다. 헬스장에 가서 역기에는 물리력을 행사하지만 연약한 밥그릇에 물리력을 행사하고 싶지는 않아요. 화학적인 방법을 최대한 활용하여 제가 직접 설거지에 쓰는 시간을 줄이지요.

물과 기름은 안 섞입니다. 마치 세렝게티 초원의 초식 동물들이 육식 동물을 피하듯이 물과 기름은 서로를 피합니다. 세제라는 것은 큰 기름 덩어리를 작은 덩어리로 만들고 물에 분산되게 하는 역할을 하는 것이지만 애초에 물과 기름이 어느 정도 섞여 있다면 더 빨리 설거지를 마칠 수 있겠지요?

초원의 동물들이 초식, 육식 상관없이 섞여서 달릴 때가 있습니다. 들불이 나면 그렇게 됩니다. 일단 살고 봐야 하니 미친 듯이 달립니다. 세제가 들어가지 않은 상태에서도 물과 기름이 어느 정도 섞이게 하는 방법은 무엇일까요? 그래요. 기름기가 많이 묻은 조리 기구에 뜨거운 물을 부으면 물과 기름이 어느 정도 섞입니다. 여기에 세제를 넣으면 찬물을 사용하는 것보다 기름기가 그릇으로부터 더 빨리 제거됩니다.

그릇에 말라붙은 밥풀이야 녹말이 주성분이잖아요. 그러니 그냥 물에 담가 두면 됩니다. 보통 길어야 5분이면 밥풀이 다 불어서 설거지가 쉽게 되지요. 제가 하는 설거지의 순서는 이렇습니다.

1 밥그릇에 물을 가득 담아 둡니다.
2 기름기가 많이 묻은 프라이팬이나 냄비를 키친타월을 이용하여 기름기를 일차로 제거합니다. 그다음에는 조리 기구에 **뜨거운 물을 가득 채우고 세제를 추가**하여 둡니다.

3 세제를 거의 쓰지 않아도 되는 그릇들을 적은 양의 세제를 푼 물을 사용하여 먼저 닦고 깨끗한 물이 담긴 대야에 집어넣습니다.

4 밥그릇을 닦고 3의 대야에 넣습니다.

5 흐르는 물과 수세미로 세제를 제거하며 그릇들을 닦습니다.

6 마지막으로 프라이팬이나 냄비를 닦습니다.

간혹 기름기 있는 배달 음식을 시켜 먹으면 플라스틱 용기 벽에 묻어 있는 기름을 제거하는 것이 상당히 힘들어요. 특히 빨간 고추기름이 묻은 경우 더 그렇습니다. 이럴 때 저는 용기에 뜨거운 물을 가득 붓고 세제를 붓고 뚜껑을 닫은 다음에 몇 번 흔들어 주고 몇 시간 내버려둡니다. 그런 다음 플라스틱 용기를 닦으면 훨씬 수월하게 설거지가 됩니다. 싱크대에 뭐가 있는 것을 싫어하는 사람들이 있겠지만 저에게는 저의 시간이 더 소중합니다. 설령 그것이 1분, 2분이라고 할지라도. 아끼고 모으면 게으름을 피우고 딴짓을 할 시간이 생깁니다.

게으른 자를 위한 화학 TIP

삼겹살에서 나온 기름이나 버터가 굳어 그릇에 붙어 있는 경우 어떻게 해야 할까요? 맞아요. 뜨거운 물을 부어 기름이 녹게 하고 여기에 세제를 첨가하면 됩니다. 설거지의 처음과 끝은 그릇으로부터 음식물을 떼어 내는 것이니까 그 목적에 집중하면 됩니다.

부엌 환기구 거름망의 기름때는 누가 없애나?

음식을 할 때마다 레인지 위의 거름망을 보게 됩니다. '으~ 언젠가는 청소를 해야지. 그런데 어떻게 해야 저 기름때를 없애나?'라고 생각하는 분이 많을 테지요.

35년 넘게 화학을 공부한 제가 화학적 해결책을 제시해 드리겠습니다. 'Red sun! 게으른 자들은 인터넷 쇼핑 창에 워싱 소다를 치고 구매 버튼을 누릅니다.'

워싱 소다는 가루 형태지요. 구조식은 Na_2CO_3. 탄산나트륨이라고도 부릅니다. 이 워싱 소다는 물에 아주 잘 녹으며 강한 염기성(알칼리성) 용액을 만들지요. 가성 소다인 수산화나트륨(NaOH)이나 수산화칼륨(KOH) 같은 강한 염기는 기름과 만나면 비누를 만들 수 있지요?

마찬가지입니다. 워싱 소다는 NaOH 정도의 강한 염기는 아니지만 기름과 만나면 서서히 비누를 만들 수 있답니다. 이 현상을 이용하여 거름망의 기름때를 없앨 수 있어요. 방법을 알려 드릴게요.

1 먼저 고무장갑과 보안경(안 써도 돼요. 충분히 조심만 한다면요)을 끼세요.
2 1/4컵 정도의 물을 플라스틱 그릇에 담습니다.
3 이후에 1/2~1컵 정도의 워싱 소다를 물에 넣고 개어 줍니다.
4 반죽이 만들어지지요? 이제 이 반죽을 거름망에 발라 주고 플라스틱 솔로 거름망 사이사이를 문질러 주세요.
5 그러고는 싱크대나 욕조 바닥에 5~30분 정도 내버려둡니다(기름때의 심한 정도에 따라 시간을 정하면 됩니다).
6 물로 씻으면서 솔로 닦아 주면 청소가 끝나지요.

이렇게 해도 됩니다.

1 싱크대나 욕조의 바닥에 거름망을 눕혀 두고 뜨거운 물을 거름망을 덮을 정도로만 채웁니다.
2 1~2컵 정도의 워싱 소다를 물에 넣고 거름망을 흔들어 주면 워싱 소다가 녹을 거예요.
3 솔질을 좀 하세요. 5~30분 정도 내버려두었다가 솔로 비비며 물로 헹구세요.

기름기가 많은 냄비, 오븐 모두 다 같은 방식으로 닦아 낼 수 있어요. 워싱 소다에 물을 조금만 첨가하여 치약과 같은 상태를 만들고 이것을 기름때에 찌든 냄비, 오븐 속, 전자레인지 속 등의 표면에 바르세요. 기름때의 상태에 따라 5~30분 정도 기다린 후 잘 닦아 내고 물을 묻힌 행주로 여러 번 닦아 내면 마음에 드는 결과를 얻을 것입니다.

오늘의 중요한 포인트는 두 가지입니다. 1. 워싱 소다를 이용하여 기름때를 일부 비누로 바꾸면서 제거한다, 2. 워싱 소다가 기름에 작용할 수 있도록 내버려두어야 한다. 인터넷에 찾아보면 워싱 소다가 대체 무슨 효과가 있는지 모르겠다는 글들이 있는데 제대로 사용을 하지 않아서 그런 것입니다. 워싱 소다가 기름에 화학 작용을 할 수 있도록 충분히 내버려두어야 합니다.

게으른 자는 오늘도 물리력보다는 화학 반응을 이용하여 청소를 무사히 마쳤습니다. 이제 기름때 정도는 무섭지 않아요.

게으른 자를 위한 화학 TIP

- 워싱 소다와 지방산은 다음과 같이 반응을 하여 비누를 만들어 냅니다. 모든 기름이 다 비누화되지 않고 그릇에서 일부만 떨어져 나와도 기름 제거는 훨씬 쉬워집니다.

  $Na_2CO_3 + 2RCOOH \rightarrow 2RCOONa + CO_2 + H_2O$

  여기서 RCOOH는 유기산의 분자식, RCOONa가 비누의 분자식입니다.
- 주의할 점이 하나 있습니다. 거름망이 스테인리스면 이 방법을 그대로 써도 되나 알루미늄이나 구리로 만들어진 경우는 워싱 소다 반죽을 바르자마자 솔질을 하며 물로 씻어 주세요. 그러지 않으면 금속이 많이 녹아 없어질 수 있습니다.

게으른 자는 어떻게 설거지할까? (업그레이드 버전)

갑자기 그런 생각이 드는 겁니다. 주부들은 손의 피부를 생각하니까 설거지할 때 고무장갑 끼고 할까? 아내에게 물어보니 주변에서 다들 고무장갑을 끼고 한다는 거예요. 그렇다면 이걸 반드시 알려 드려야겠다고 생각을 했지요. 맨손으로 설거지를 한다면 권하지 않는 방법이지만 고무장갑을 끼고 한다면 다음의 방법으로 하는 것이 훨씬 시간이 절약되고 결과도 더 좋습니다. 앞의 글에서 기름기 있는 그릇과 냄비에 물을 채우고 세제를 좀 뿌려 두면 설거지 시간을 줄일 수 있다고 했지요? 더 빠르고 효과적인 방법을 알려 드릴게요.

1 물에 적신 수세미로 (접시에 담은) **워싱 소다 가루**를 콕 찍어서 기름기가 있는 그릇 표면에 비벼 줍니다. 다른 그릇들도 같은 방법으로 닦아 주세요.

2 모든 그릇을 워싱 소다로 닦았다면 물을 탄 세제로 그릇들을 닦아 줍니다.

3 이제 깨끗한 다른 수세미를 이용하여 그릇을 흐르는 물에서 헹구어 줍니다. 그리고 그릇을 식기 건조대에 엎어 두면 끝.

아마 설거지가 끝나면 '유레카!'를 외칠 것입니다. 그릇들이 정말 뽀득뽀득 깨끗할 테니까요. 평소에 기름기를 없애기 위해 노력하던 시간을 몇 분의 1로 줄일 수 있습니다.

하나만 기억합니다. 워싱 소다는 기름때를 없애는 데 정말 짱이다. 기름을 비누로 바꾸어 주니 얼마나 효과가 좋겠는가? 다만 사용할 때 고무장갑을 반드시 끼고 피부를 보호해야 한다.

다들 설거지가 더 이상 고통스럽지 않기를 바랍니다.

게으른 자를 위한 화학 TIP

- 게으름의 왕 가라사대 "해 보지 못한 자 믿지 못하리. 믿지 않는 자 그만큼 시간을 낭비하리."
- 워싱 소다는 베이킹 소다(탄산수소나트륨)보다 더 강한 염기성을 띱니다. 기름 성분과 반응을 하여 비누로 바꾸어 버립니다. 그러므로 기름기 제거에 탁월한 화학 제품이지요. 피부에서 기름기를 너무 많이 빼 버릴 수 있으니 고무장갑을 반드시 착용하고 사용하도록 하세요.
- 워싱 소다 대신 베이킹 소다를 설거지에 이용해도 됩니다. 워싱 소다만큼의 설거지 효과는 못 얻겠지만 그래도 피부에는 덜 자극적이니 맨손 설거지를 하시는 분들은 사용해 보아도 좋겠습니다.

수세미에 있는 세균, 없애고 살아야겠지요?

집에 있는 화합물 중에 염소계 표백제 락스, 산소계 표백제 과탄산 소다와 과산화수소는 세균도 잡습니다. 표백제는 라디칼(radical)이라는 화학종(chemical species)을 만드는데 이 라디칼들은 세균을 만나면 세균의 세포 안에 있는 효소와 DNA 등을 가리지 않고 파괴하여 세균을 죽입니다.

그런데 염소계 표백제 락스는 스테인리스도 녹슬게 할 정도로 강력하니까 부엌 싱크대 근처에서 자주 만나면 안 되겠지요?

과산화수소는 약국에서 소독용으로 판매합니다. 그러나 과산화수소는 산소와 물로 빨리 분해되기 때문에 장시간 소독력을 지속하고 싶을 때는 사용하기 적절하지 않습니다. 그러면 수세미 소독용으로 남는 것은?

그렇지요. 과탄산 소다.

과탄산 소다는 물에서 서서히 녹으며 과산화수소를 만들어 내고 물속에서 과산화수소의 농도는 비교적 일정하게 유지될 수 있으니 소독력이 장시간 지속될 수 있지요.

우리가 아무리 바빠도 수세미의 세균은 때때로 없애고 살아야겠지요? 바로 다음처럼 하면 됩니다.

1 깨끗한 물에 과탄산 소다를 한두 스푼 투하하세요. 그리고 수세미를 던져 놓으세요.
2 그 위에 또 과탄산 소다를 솔솔 뿌려 두세요.
3 한 30분 정도면 충분할 것입니다. 이 정도 양의 과탄산 소다는 수세미의 구조적 특성을 훼손하지 않을 것입니다.
4 그대로 건져 내어 물기가 빠지도록 하였다가 다시 사용하시면 됩니다.

세간에는 과탄산 소다에 대해 너무 심한 두려움이 있는 것 같습니다. 과탄산 소다는 물에 녹으면 워싱 소다와 과산화수소를 만들어요. 워싱 소다는 공기 중의 이산화탄소를 만나 서서히 베이킹 소다로 바뀝니다. 베이킹 소다는 환경에 전혀 해를 끼치지 않습니다.

그리고 과산화수소는 환경에서 물과 산소로 빨리 분해되기 때문에 역시 너무 걱정하실 필요 없습니다. 과탄산 소다는 환경으로 흘러가도 나쁜 영향을 끼치지 않습니다.

게으른 자를 위한 화학 TIP

과탄산 소다도 세균을 잘 죽이지만 식초, 구연산, 알코올도 세균을 잘 죽입니다. 높은 산성 용액은 세균 속에 있는 단백질을 변성시켜 세균을 살아갈 수 없게 만듭니다. 알코올 또한 같은 방식으로 세균을 살균한답니다. 식초나 순수한 알코올은 냄새가 심하여 사용하기 불편하니까 건너뛰고, 구연산 3~4스푼을 1컵 정도의 물에 넣고 여기에 수세미를 담가 보세요. 세균이 없는 깨끗한 수세미를 만들 수 있습니다.

게으른 자가 배달 그릇을 처리하는 꼼수?

비도 추적추적 내리고 얼큰한 육개장이 생각나는 날. 집에서 끓이기가 귀찮기도 하고 음식 솜씨에 영 자신이 없는 게으른 자는 전문점에서 배달을 시켜 먹습니다. 카~ 맛있게는 먹었는데 플라스틱 용기를 보니 마음이 무거워집니다. 빨간 고추기름이 뚜껑에 잔뜩 끼었거든요. 하~ 이걸 언제 또 닦아서 버리나? 닦아서 버려야 재활용이 될 텐데.

설거지 세제로 고추기름 묻은 배달 용기 뚜껑을 씻어 본 사람은 다 압니다. 몇 번을 수세미로 문질러도 표면은 번들번들. 기름이 잘 제거되지 않아서 '저 뚜껑이 제대로 재활용이 될까?' 하는 의구심이 듭니다. 한편 대충 씻어서 버리자니 마음 한편에 자리 잡은 죄책감이 게으른 자를 괴롭힙니다. '재활용이 안 되면 우리 후손에게 물려줄 환경이 더 더럽혀질 텐데' 하는.

배달 음식 용기까지 박박 씻기는 싫은 마음과 환경에 대한 책임감 사이에서 고민하는 게으른 자에게 간단한 해결책을 제시하고자 합니다. 지금 사귀고 있는 사람과 당신과 그 사이를 파고드는 새로운 인연을 두고 갈등하는 당신의 마음을 제가 해결해 드릴 수는 없어요. 그러나 배달 음식 용기에 묻은 고추기름을 제거하는 것은 조금은 도와드릴 수 있지요. 이렇게 해 보세요.

설거지 영상 보러 가기
(이광렬 교수 유튜브)

1 배달 용기의 국물을 따라 버리고 용기에 워싱 소다 1스푼을 투하합니다.

2 배달 용기에 수도에서 나오는 뜨거운 물을 1/3 정도 채우고 고추기름이 잔뜩 묻은 뚜껑을 닫습니다.

3 그다음은? 춤을 추면서 힘차게 한 열 번만 shake it shake it 흔들어 주세요.

4 용기에 있는 액체를 따라 버리고 세제로 아주 가볍게만 씻으면 끝납니다.

고추기름을 제거하고 찾아오는 마음의 평화를 즐기세요. 이젠 고추기름 때문에 죄책감을 느낄 필요는 없습니다.

게으른 자를 위한 화학 TIP

- 플라스틱을 세척하여 분리수거장에 버리면 플라스틱의 재활용률이 많이 높아집니다. 음식물 찌꺼기, 기름이 있는 채로 버리면 정말 쓰레기가 되고 맙니다.
- 기름기가 많이 묻은 용기는 키친타월로 일차적으로 닦아 내면 설거지하는 것이 훨씬 쉬워집니다. 화학적인 처리는 사용하는 화학 약품이 처리 대상 대비 많으면 많을수록 쉬워지니까요.

식초와 베이킹 소다의 조합이 진짜 쓸모가 있을 때는?

식초는 산성 물질이니 식초 혼자서도 세면대나 화장실에 생기는 하얀 물때의 탄산칼슘 침전물을 녹일 수 있습니다. 베이킹 소다는 염기성 물질이니까 기름이나 단백질로 인한 때를 부수고 냄새를 제거할 수 있습니다. 워싱 소다만큼 강력한 효과는 없지만 말입니다.

이와 같이 혼자서도 잘하는 아이들을 섞어 버리면 무슨 일이 벌어지나요? 학교 선생님들은 잘 아실 것 같은데요? 아주 개성이 강한 독불장군 두 명을 한 조로 만들어 과제를 시키면 어떤 일이 벌어지는지.

식초의 주성분인 아세트산과 베이킹 소다(탄산수소나트륨)가 만나면 다음과 같은 중화 반응을 합니다. 반응 중에 물(H_2O)도 생기고 CH_3COONa(아세트산나트륨)라는 염도 생깁니다. 이 반응의 특이한 점은 이산화탄소(CO_2) 기체가 생긴다는 것입니다.

$$CH_3COOH + NaHCO_3 \rightarrow CO_2 + H_2O + CH_3COONa$$

아세트산과 베이킹 소다가 사라져 버렸네요. 반응 중에 이산화탄소는 공기 중으로 날아가 버리고 물속에 남은 것은 CH_3COONa라는 염밖에 없습니다. 이 염은 아무런 세정 능력이 없습니다. 좋은 재료를 2개 섞어서 아무것도 아닌 것을 만들었습니다.

인터넷에서 소위 '꿀팁'을 얻은 사람들은 집에서 다음과 같은 것을 할 수 있습니다. 하나하나 살펴봅시다.

1 '식초와 베이킹 소다를 섞으라고? 해 보자': 위험한 행동

레시피를 잘 따져 보지도 않고 읽어 보지도 않고 정말로 베이킹 소다를 싱크대 배수구에 붓고 식초를 들이붓습니다. 그러면 이 둘 사이에 격렬한 반응이 일어나면서 이산화탄소가 급격히 분출될 것입니다. 식초의 냄새가 온 주방에 진동을 하고 운이 나쁘면 식초가 눈에 튀어 들어갈 수도 있습니다. 당연히 코와 목은 따갑겠지요. 공기 중에 식초 방울을 띄워 버리는 셈이니까요. 참 위험한 행동을 겁도 없이 하는 것입니다.

2 '주방 세제에 식초를 넣고 베이킹 소다를 넣어 소위 슈퍼 세제를 만들라고? 해 보자': 쓸모없는 일

세제에 베이킹 소다를 넣고 천천히 식초를 부으면서 섞으면 이산화탄소가 생기면서 부글거립니다. '와! 신기하다. 뭔가 엄청나고 멋진 세제가 생기겠군' 그러겠지요? 천만의 말씀입니다. [세제 + CH_3COONa]라는 원래 주방 세제와 동일한 세척력을 가지는 조합을 만드셨군요. 슈퍼 세제는커녕 아까운 식초와 베이킹 소다만 날렸네요.

3 쓸모 있는 행동

그런데 이 두 번째 것을 잘 이용하면 배수구 청소에 도움을 줄 수도 있습니다. 바로 격렬히 발생하는 이산화탄소를 이용하는 것이지요. 배수구에 [세제 + 베이킹 소다]의 조합을 넣은 다음 식초를 부어 봅니다. 그러면 이산화탄소가 급격히 생성되면서 세제에 기포가 마구 발생하고 터지고 그러겠지요? 이 세제 기포들이 배수구의 플라스틱 관 안에서 터지면서 벽에 붙은 찌꺼기들을 물리적으로 떼어 낼 수 있습니다. 세제가 화학적으로 작용할 시간은 별로 없지만 물리적인 힘을 이용하여 더러움이 제거됩니다. 또한 냄비에 음식물이 타서 눌어붙었을 때 같은 방식으로 하면 수세미질 없이 찌꺼기를 떼어 낼 수도 있습니다.

이때 세제를 왜 같이 쓰냐고요? 세제는 일종의 완충 장치 역할을 합니다. 반응이 너무 격렬하여 식초가 눈이나 피부에 튈 가능성을 좀 줄여 줍니다. 또한 세제 방울이 생겼다가 터지면서 때를 물리적으로 떼어 내는 데 도움을 주지요. 반응이 끝나고 솔로 닦을 때 세제가 같이 있으면 청소하는 데 도움을 주기도 하고요.

자, 이제 우리 독자들은 앞의 세 가지 중 어떤 것을 해야 하는지 안 해야 하는지 절대 헷갈리지 않으시겠지요?

게으른 자를 위한 화학 TIP

이산화탄소는 CO_2, 물은 H_2O, 베이킹 소다는 $NaHCO_3$, 워싱 소다는 Na_2CO_3, 탄산칼슘은 $CaCO_3$, 아세트산은 CH_3COOH입니다. 생소한 분자식도 자꾸 보다 보면 익숙해질 것입니다. 이러한 식을 보는 방법을 간단히만 설명할게요. 아래첨자로 숫자가 보일 텐데 원자의 개수를 표시하는 것입니다. 이산화탄소 CO_2는 탄소 원자(C로 표시)가 1개, 산소 원자(O로 표시)가 2개 있습니다. 물 H_2O에는 수소 원자(H로 표시)가 2개, 산소 원자(O로 표시)가 1개 있지요.

태워 먹은 냄비 청소 어떻게 해요?

먼저 심심한 위로의 말씀을 드립니다.

어떤 요리를 하다가 태워 먹었는지가 참 중요합니다. 설탕과 같은 당 종류는 온도가 높아지면 당 분자 사이에 -O- 결합이 생기고 물 분자가 빠져나갑니다. 단백질 구조를 잘 살펴보면 아미노산 분자들 사이에 -C(O)NH- 결합이 있어요. 중성 지방의 경우 지방산과 글리세롤 사이에 -C(=O)O- 결합이 있고요. 이러한 결합의 종류에 따라 산성/염기성 용액을 선택하여 결합을 잘라 낼 수 있습니다.

만약 여러분이 무엇을 태워 먹으면 분자들 사이에 맨 먼저 이러한 결합들이 생깁니다. 더 오랫동안 가열하면 분자와 분자들 사이에 결합이 생길 뿐만 아니라 분자들이 분해되어 탄소 덩어리가 생겨 버립니다. 이 탄소 덩어리는 어떠한 용매에도 녹지 않습니다.

그렇다면 냄비를 태우고 나서 여러분이 해야 할 일은 어떻게든 분자와 분자 사이의 결합을 끊어 보는 것이겠지요? 그러면 어쩌면 탄 덩어리들이 조금은 작아지고 말랑말랑해질 수 있을 테니까요. 늘 하던 대로 물에 불리고 수세미로 밀어도 안 떨어진다면 더 강력한 화학적·물리적인 방법으로 떼어 내는 수밖에 없어요.

다음과 같이 해 봅시다. 아주 정도가 심한 경우만 다루어 보겠습니다. 일단 물에 불릴 수 있다면 불려서 떼어 내는 것이 최선입니다. 그런데 기왕이면 탄 덩어리가 조금이라도 작게 부서질 수 있도록 처치를 합시다.

방법 1

설탕 등이 탄 냄비에 '구연산과 물이 반반 정도 되는 진한 구연산 용액'을 부으세요. 30분 후에 물을 더 붓고 밤새 내버려두세요. 다음 날 수세미로 밀어 보았을 때 떼어지면 고마운 것이고 안 떼어지면 한 10분만 끓여 보세요. 수세미로 밀어 봅니다.

방법 2

기름이 탄 팬이나 고기, 두부, 곰탕 같은 것이 탄 냄비의 탄 덩어리에 베이킹 소다나 워싱 소다 반죽(치약과 같은 상태)을 잘 스며들도록 합니다. 30분 후에 물을 붓고 밤새 내버려두세요. 마찬가지로 다음 날 수세미로 밀어 보았을 때 떼어지면 고마운 것이고 안 떼어지면 한 10분만 끓여 보세요. 수세미로 밀어 봅니다.

방법 3

무조건 좀 더 강력한 것을 원하신다면 과탄산 소다를 뜨거운 물에 녹여서 탄 덩어리에 잘 스며들도록 합니다. 과탄산 소다에서 나온 과산화수소가 탄 덩어리를 무차별적으로 폭격하여 분해를 시도할 것입니다. 또한 워싱 소다 성분이 염기성 용액을 만들어 주니까 단백질을 분해합니다. 밤새 내버려두고 수세미로 밀어 봅니다. 과탄산 소다 대신에 식기세척기용 세제(알약처럼 생긴)를 사용해도 됩니다.

아직도 해결이 안 되었나요? 이제는 물리력을 행사하여 봅시다.

1. 물을 따라 버리고 치약 상태의 베이킹 소다 반죽을 탄 찌꺼기에 잘 스며들도록 해 주세요. 여기에 식초를 붓습니다. 격렬히 거품이 발생할 것입니다. 이산화탄소가 격렬히 발생하는 것이지요. 운이 좋다면 찌꺼기가 거의 다 떨어져 나올 것입니다. 눈에 튀지 않게 안경을 써 주세요. 장갑도 끼고요.
2. 어휴. 아직도 해결이 안 되었나요? 본인의 머리를 세게 한 대 쥐어박고 '다시는 태워 먹지 않는다'를 외치면서 집에서 가장 강력한 수세미로 닦든지 하여 탄 자국을 떼어 내세요. 단 닦을 때 베이킹 소다 가루를 붓고 수세미로 밀어 보세요. 베이킹 소다가 연마제로 작용할 수 있으니까요. 머리의 혹과 근육을 동시에 얻을 수 있습니다. 알루미늄 포일을 둘둘 말아 공처럼 만든 다음에 냄

비의 탄 자국을 벗겨 낼 수도 있습니다. 스빈또(svinto)와 같은 아주 얇은 철실(steel wool)로 만든 쇠 수세미를 쓸 수도 있겠지요. 더 굵은 쇠 수세미까지 써야 한다면 정말 마음이 힘들겠군요.

3 아직도 남았다고요? 어쩔 수 없네요. 냄비를 머리 위에 들고 오리걸음 자세로 쓰레기 수거장에 가시기 바랍니다. '다시는 태워 먹지 않는다'를 외치는 것은 당연히 해야 하는 것입니다.

게으른 자를 위한 화학 TIP

- 식초나 구연산이나 하는 일은 같아요. 둘다 -COOH를 가지고 있는 산입니다. 구연산의 장점은 냄새가 독하지 않다는 것입니다. 그런 이유로 저는 식초 대신 구연산을 많이 쓰는 편입니다. 앞에서 베이킹 소다에 식초를 붓는다고 썼는데 베이킹 소다에 구연산 용액을 넣어도 동일한 현상이 일어납니다. 참고하시길.
- 스빈또와 같은 철 실로 만든 수세미는 스테인리스 표면을 갉아 내기 때문에 처음부터 사용을 하지는 않는 것이 식기의 수명을 오래가게 만드는 방법입니다. 스빈또나 쇠 수세미를 쓰기 전에 일단 화학적인 방법을 먼저 써 보세요.
- 스테인리스의 살균 또는 세척을 위해 과탄산 소다를 써도 무방합니다. 락스는 스테인리스도 녹이 슬게 하지만 과탄산 소다는 그렇지 않거든요.

알갱이 몇 알로 깨끗한 화장실 만들어 볼까요?

집안의 수컷들인 저와 멍멍이 리오는 화장실을 따로 씁니다. 수컷들 중에서도 우리 둘은 뭐든 두는 곳이 제자리이고 체모가 많아 우리의 주변은 금세 사자 우리로 변합니다. 우리는 이를 따뜻한 털 보금자리로 생각하지만 다른 사람들은 그다지 그렇게 생각하지 않습니다. 화장실도 다를 바 없어 우리의 화장실은 다른 화장실보다 특별히 더 지저분합니다.

얼마 전 집안의 절대자님이 특명을 내렸습니다. 네이버 글 쓰고 화학 지식 전도사 하는 것 다 좋은데 화장실이 언제나 반짝거리게 하고 난 다음에 하라고요. 혹시나 손님이 오면 사용하는 화장실인데 너무 창피하다고.

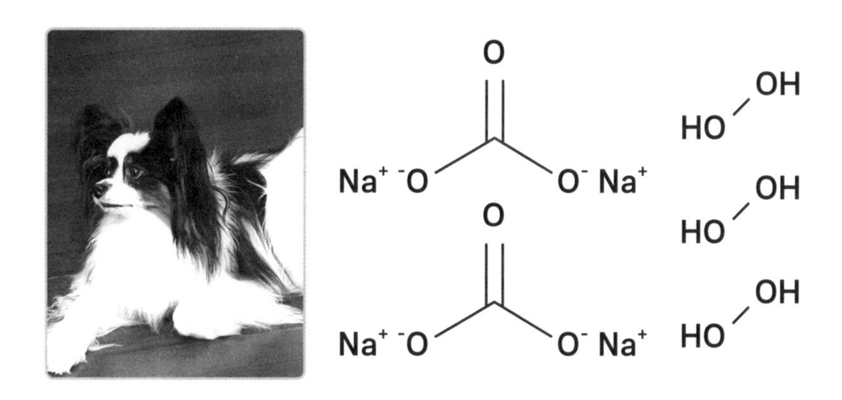

맑눈광(맑은 눈의 광견) 리오와 과탄산 소다의 구조

저는 아주 게으른 자이지요. 곰곰이 생각하다가 드디어 방법을 찾았습니다. 뭐 별거 아닙니다. 물기가 잘 마르지 않는 곳에 과탄산 소다 알갱이를 몇 개씩만 뿌려 두는 것입니다. 그러면 세균이 못 자라거든요. 이제 저와 리오의 공동 화장실은 늘 하얗게 변했습니다. 절대자님은 아주 큰 만족을 표하는 중입니다. 그렇다고 해서 칭찬만 듣는 것은 아니지요. 이렇게 할 수 있으면서 왜 안 했냐고 또 혼이 났지요.

오늘도 아침에 샤워를 하고 나가면서 과탄산 소다 알갱이 몇 개 던져두었지요. 화장실이 아주 번쩍번쩍 빛나는 중입니다. 오늘도 무사히 넘기는 중입니다.

'과산화수소 생긴다는데 그거 위험하잖아요?'라는 분들이 계실 것 같아 미리 말씀드립니다. 과탄산 소다는 물에 녹으면 우리가 소독제로 쓰는 과산화수소가 생기지만 몇 알갱이만 뿌려 놓는 정도로 건강에 문제가 생기기는 극히 힘들 것입니다. 다만 굳이 과탄산 소다를 뿌린 화장실 표면을 혀로 핥아 본다든지 그러지만 않으시면 될 것입니다. 정상적인 뇌의 회로를 가진 사람이 락스를 마시지 않듯이 말입니다. 이 경우 과탄산 소다 때문에 건강에 문제가 생기기보다는 구역질이 나서 문제가 생기기가 더 쉽겠지만. 물도 너무 많이 마시면 죽습니다. 뭐든 상식을 지키면 문제는 생기지 않을 것입니다.

만약 집에 과탄산 소다가 다 떨어지면 어떻게 하면 될까요? 저희 집에서 화장실에 솔솔 뿌려 둘 과탄산 소다가 떨어지면 저는 그냥 구연산 가루를 뿌립니다. 뭘 귀찮게 과탄산 소다 사러 또 나가요. 그냥 뭐든 쓸 만한 거 쓰면 되지. 구연산을 뿌려 두면 세균이 못 사니까 냄새도 안 나고 검은곰팡이도 안 생겨서 보기도 좋아요.

화장실 청소할 때 식초를 쓰는 분들이 있습니다. 식초는 세균을 죽이니까 좋은 생각이 맞기는 하지만 냄새가 아주 고약합니다. 구연산은 식초와 마찬가지로 -COOH라는 작용기를 가지고 있어요. 그러므로 하는 일이 식초와 동일합니다.

그러니 과탄산 소다 사러 나가기 귀찮으면 그냥 화장실 구석구석 구연산 가루 뿌리세요. 세균이 '아이 셔' 그러면서 죽습니다. 샤워하고 나서 구연산 뿌리고 다음에 샤워할 때 구연산이 씻겨 나가면 또 뿌리고. 화장실 관리 참 쉽죠?

청소 자주 하기 싫어서 꼼수를 쓰는 게으른 자가 말씀드렸습니다.

게으른 자를 위한 화학 TIP

- 정말 적은 양의 과탄산 소다를 써도 세균·곰팡이 생성 및 증식을 억제할 수 있습니다. 계란프라이에 소금을 친다는 기분으로 정말 조금만 뿌리세요. 아놔. 게으름을 부리라고 했지 누가 부지런 떨면서 청소하랬어요? 정말 조금만으로도 충분해요.
- 얼마 전 아내에게 선물을 하나 받았어요. 플라스틱으로 된, 뚜껑이 있는 스타벅스 컵. 순간 커피인 줄 알고 좋아했었는데. 😭 이런 용기에 과탄산 소다를 담아 놓고 쓰면 편해요.
- 구연산을 너무 많이 사용하면 화장실의 타일이나 줄눈이 녹아 없어지는 경우도 있어요. 그러니 조금만 써야 합니다.

게으른 자는 어떻게 변기 수조를 청소할까?

화장실 변기 수조에 끼어 있는 물때. 보기 징그럽지요? 게으른 자는 화장실 변기 수조를 절대 물리적으로 닦지 않습니다. 화학이 다 해결해 주는데요 뭘. 그냥 구연산을 들이붓고 기다립니다.

구연산은 말 그대로 산입니다. 변기 수조에 끼어 있는 탄산칼슘 물때를 잘 분해해 낼 수 있습니다. 구연산 한 1kg을 부어 넣고 휘휘 저은 다음 내버려둬 보세요. 아침에 부어 넣고 퇴근 후에 사용하면 됩니다. 후회하지 않을 것입니다. 한 번에 다 깨끗해지지 않으면 한두 번 더 하면 되죠. 화학을 이용하고 게으름을 피우세요!

또 다른 방법을 하나 알려 드릴까요? 락스 다들 사용하시지요? 그런데 차아염소산(HClO)은 잘 모르세요. 차아염소산은 염소 기체가 물에 녹으면 생기는 물질인데 아주 강력한 살균제입니다. 살균력은 뛰어나지만 그다지 냄새도 없고 몸에 아주 나쁘지도 않아요. 하지만 피부에 직접 닿거나 눈에 들어가는 것은 피해야 합니다.

수조 청소용 전기분해기를 사서 쓰시는 분들 있을 겁니다. 물에 아주 소량 녹아 있는 염화나트륨(NaCl) 즉 소금이 전기 분해하여 염소 기체를 만드는데 이것이 물과 반응하면 차아염소산이 생깁니다. 그러니 전기분해기를 사용하신다면 수조에 소금을 부어 주어야 효과를 제대로 볼 수 있답니다. 그런데 이 전기분해기로 만들어 내는 차아염소산은 인터넷에서 아주 싸게 살 수 있어요. 굳이 몇십만 원 하는 전기분해기 안 써도 된다는 이야기지요. 변기 수조에 끼는 물때가 너무 마음에 안 들면 차아염소산을 가끔씩 조금만 부어서 수조 관리를 해도 됩니다.

게으른 자를 위한 화학 TIP

- '구연산을 1kg이나 넣는다고?' 그러면서 놀라는 분들도 계실 것입니다. 변기 수조 청소는 1년에 기껏해야 한두 번 합니다. 1년에 구연산을 변기 청소용으로 1~2kg 쓴다고 환경에 문제가 생길 일은 없습니다. 구연산이 독극물도 아닌데요 뭘. 레몬의 신맛이 구연산에서 나오는 것은 다 아시잖아요.
- 락스 또는 차아염소산은 암모니아와 만나 클로라민이라는 유독성 물질을 만들 수 있습니다. 변기 청소를 할 때 락스만큼 빨리 효과적으로 할 수 있는 물질도 없으나 청소 후에는 물을 여러 번 내리기를 권합니다. 또한 차아염소산이나 락스를 수조에 넣어 관리하는 경우 용변을 보고 물을 반드시 여러 번 내려서 소변이나 대변이 양변기에 남지 않도록 하세요.

변기의 수조를 청소할 것인가? 변기 자체를 청소할 것인가?

10

최소의 노력으로 최선의 결과를 내는 것. 바로 그것이 게으른 자들의 목표입니다. 그렇기 때문에 게으름을 피우려면 생각을 해야 합니다.

화장실의 변기를 생각해 봅시다. 수조 속의 물과 변이 담겨 있던 곳의 물을 비교해 보아요. 어디가 더 더러운가요? 물론 수조가 더러울 수 있어요. 오랫동안 청소를 안 했다면 그리고 수도공사가 일을 제대로 안 한다면 더러울 수 있지요. 그런데 1년 동안 청소를 안 해도 솔직히 수조가 그리 더럽게 되지는 않더군요. 양변기는 어때요? 매일매일 세균이 좋아하는 먹이를 주는 곳이지요. 매일매일 더러워집니다.

전기분해기를 이용하여 차아염소산을 만들어 내는 장치를 변기의 수조에 넣었다고 칩시다. 이 장치는 애당초 높은 농도의 차아염소산을 못 만듭니다. 왜냐면 물속에 들어 있는 염소(Cl^-) 음이온을 이용하여 염소 기체를 만들고 이것이 차아염소산이 되는 것인데 우리가 마시는 물에는 Cl^- 음이온 자체가 거의 없거든요. 물을 한 번 내리더라도 변 찌꺼기가 양변기 벽에 있을 텐데 이것을 소독하기에는 물속 차아염소산의 양이 턱없이 부족합니다. 양변기가 더러워서 물을 한 번 더 내렸다고 칩시다. 새로운 물이 채워질 것이고 이 순간에는 차아염소산의 농도가 정말 낮습니다. 그러니 전기분해기를 이용한다면 양변기를 늘 깨끗하게 유지하겠다는 목적 달성에는 실패할 수밖에 없습니다.

그러면 대체 어떻게 해야 하냐고요? 해결해야 하는 문제를 명확하게 정의해야 합니다. 우리는 양변기 안에 있는 물을 깨끗하게 유지해야 합니다. 그 물을 직접 소독해야 하겠지요? 볼일을 보고 난 다음 물을 내린 다음, 양변기에 과탄산 소다를 한 꼬집 넣든지, 과산화수소 또는 차아염소산 몇 방울을 넣든지 하면 됩니다. 기억하세요. 수조가 아니라 양변기에 표백제(또는 살균제)를 넣어야 합니다. 중요! 물을 내린 다음에 맨 마지막에 양변기 관리용으로 넣는 것입니다.

게으름에 도움이 되었기를 바랍니다.

게으른 자를 위한 화학 TIP

- 꽤 많은 분들이 전기분해기를 사용하면서 양변기가 깨끗하게 유지되지 않는다고 불만을 토로합니다.
- 전기분해기를 이미 구매하신 분은 이렇게 해 보세요. 변을 보고 변기 물을 내린 다음 몇 시간 이후에 한 번 더 물을 내리는 것이지요. 그러면 수조에 있는 차아염소산의 농도가 어느 정도 높아져 있기 때문에 양변기를 소독하는 것이 가능해집니다.

아주 깔끔한 당신을 위한 변기 청결 유지법 (화학 고급 응용 편)

11

화장실이 깨끗하면 우리의 삶은 상당히 많이 격이 올라간다고 느낍니다. 고급 호텔에 가서 가장 큰 만족을 느끼는 이유가 커다랗고 정돈된 침대와 역시 크고 깨끗한 화장실·욕조가 아니던가요? 그걸 즐기고 청소를 안 해도 되니 자유롭지요.

그러니 우리의 화장실을 좀 깨끗하게 만들어 볼 필요가 있습니다. 평소에 호텔 느낌의 반의반이라도 따라가면 좋잖아요. 그런데 화장실에서 냄새가 나지 않게 하려면 변기 수조가 문제가 아니라 바로 옆의 이미지에 화살표로 표시된 부분의 물을 청결하게 유지하는 것이 아주 중요합니다. 또한 점선으로 표시된 부분에 X나 Y가 튀어 더러워지면 그 화장실은 절대로 향기가 나지 않습니다.

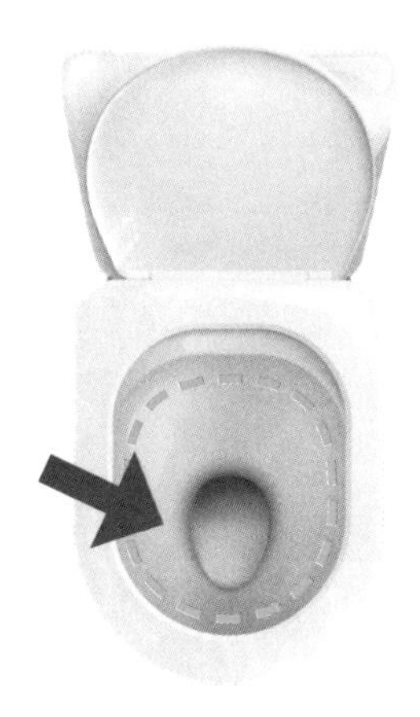

변기가 조금도 더러운 꼴을 못 보겠다는 분들은 이렇게 해 보세요.

1 용변을 본 이후에 먼저 물을 내립니다. 구연산을 한두 스푼 정도 점선 부분에 솔솔 뿌리고 솔이나 수세미로 가볍게 닦아 줍니다.
2 물을 내립니다.
3 점선 부분에 과탄산 소다를 반 스푼 정도 솔솔 뿌려 주고 화살표 부분에도 반에서 1스푼 정도 과탄산 소다를 뿌려 주세요. 다음 용변을 볼 때까지 그대로 두면 됩니다.

예정에 없던 손님이 한 시간 정도 후에 찾아온다고 하는데 화장실이 더러우면 어떻게 할까요? 고급 화학 지식을 쓰면 됩니다. 손님 온다고 락스를 써서 청소하면 '나 평소에 더럽게 산다'라고 광고하는 꼴이니 락스는 절대 노노! 앞의 1, 2번을 그대로 하세요. 새로운 3번 내용은 다음과 같아요.

3 화살표 부분에 과탄산 소다 1스푼을 넣습니다. 과탄산 소다가 아래로 가라앉을 것입니다. 물 위에 구연산 1스푼을 솔솔 뿌려 주세요. 벽에 좀 뿌려도 좋지요. 그러면 두 화합물이 물속에서 반응하면서 이산화탄소 거품이 뽀글뽀글 올라올 것입니다. 겁먹지 마세요. 단순한 이산화탄소입니다. **이때 표백·살균에 쓰이는 과산화수소도 같이 생성되는데 이 성분이 세균도 동시에 잡아 줄 것입니다.**

게으른 자를 위한 화학 TIP

- 염기성 과탄산 소다와 산성 구연산이 만나면 중화 반응을 합니다. 반응이 아주 빠르게 진행됩니다. 그런데 이 두 화합물이 만나면 물과 염만 만들어지는 것이 아니라 이산화탄소와 과산화수소도 동시에 생깁니다. 이 과산화수소를 이용하여 살균을 할 수 있어요.

  $3Na_2CO_3 \cdot H_2O_2 + 2C_3H_5(COOH)_3 \rightarrow 3CO_2 + 3H_2O + 3H_2O_2 + 2C_3H_5(COONa)_3$

- 가장 중요한 것을 이야기하지 않았네요. 화장실이 냄새가 없고 깨끗하면 문을 열어 두어도 됩니다. 그러면 화장실이 더 이상 습기 찬 곳이 되지 않고 세균과 곰팡이가 살기 어려운 곳이 되거든요. 문을 열어 두어도 괜찮은 화장실을 만들어 보세요. 대청소의 필요성과 빈도가 확연히 줄어들 것입니다.

12 샤워실 유리를 화학적으로 청소해 볼까요?

매번 세제로 벅벅 문질러 닦아도 보고 락스로 닦아도 보고 했는데도 더러움이 가시지 않아서 청소를 거의 포기해 버린 샤워실 유리. 우리의 게으른 자는 '훗. 그걸 해결하는 방법은 수없이 많지만 내가 오늘 화학적인 방법을 하나 알려 주지' 그러는군요. 게으른 자가 샤워실 유리를 깨끗하게 만든 화학적 방법을 알려 드리겠습니다.

준비물이 몇 가지 됩니다. 마스크, 고무장갑, 구연산, 워싱 소다, 세제(샴푸, 세탁용 세제 등 뭐든 상관없습니다), 그리고 다소 딱딱한 수세미를 준비해 주세요.

더러운 자가 되지 않기 위해 이제 청소를 시작합시다. 마스크와 고무장갑을 착용하세요. 오랫동안 청소를 안 해서 쌓인 때가 드러나면서 역한 냄새가 날 수 있습니다. 샤워실 유리를 더럽게 하는 원흉은 크게 두 가지입니다. 탄산칼슘 침전물과 때(몸에서 나는 개기름, 각질, 비누 찌꺼기 등)가 아주 잘 뭉쳐져 있지요.

1 먼저 (구연산과 물을 반반 정도 섞어 만든) 구연산 용액을 묻힌 수세미로 유리를 힘차게 닦습니다.
2 물로 헹구어 줍니다.
3 이어서 워싱 소다 용액을 (부피비로 물:워싱 소다=1:1 정도면 됩니다) 묻힌 수세미로 힘차게 닦습니다.
4 물로 헹구어 줍니다.
5 다시 구연산 용액으로 닦고 헹구고 워싱 소다 용액으로 닦고 헹구세요. 이제 유리가 깨끗해졌지요?
6 여기에 세제를 묻힌 수세미로 표면을 한번 닦고 물로 헹구어 주면 청소 끝!

원리를 간단히만 이야기할게요. 산성의 구연산 용액은 탄산칼슘을 녹여 내어 샤워실 유리의 때가 잘 부서지고 떨어져 나오게 할 수 있습니다. 염기성의 워싱 소다 용액은 기름 부분에 작용하여 일부 비누화를 진행시키면서 때가 추가로 떨어져 나오게 합니다. 이것을 순차적으로 반복하면 유리는 깨끗해집니다. 마지막으로 세제로 유리를 닦아 주는 이유는 세제가 남은 때도 없애 주고 세제의 계면 활성제가 유리에 살짝 코팅되어 유리를 때가 덜 타게 만들어 주는 것입니다.

이젠 손님이 놀러 와서 깨끗한 화장실을 보고 깜짝 놀랄 수도 있겠네요. 그러면서 '비결이 뭐야?' 하고 물을 수도 있고요. 그러면 '난 화학을 잘하기 때문에 그래' 하면서 뻐길 수도 있겠지요?

게으른 자를 위한 화학 TIP

주의: 구연산하고 워싱 소다를 쓰라고 했다고 이걸 또 섞는 분이 나올 것 같군요. 따로 따로 번갈아 가면서 사용해야 합니다. 섞으면 바보 되는 거예요. 산과 염기가 만나면 물과 염이 생깁니다. 청소 효과 거의 없어요. 물리적으로 청소하느라 팔뚝만 굵어질 것입니다. 구연산과 워싱 소다는 따로 번갈아 가며 사용해야 합니다.

수전과 거울에 남는
하얀 침전물과 잘 이별하려면?

물에는 미네랄이 녹아 있습니다. 그중에서도 석회석 성분($CaCO_3$)은 물기가 마르고 나면 잘 녹지가 않지요. 그래서 수전이나 거울은 물로 청소를 하고 나서 표면에 물방울이 남아 있는 한 시간이 지나면 하얀 자국이 남을 수밖에 없어요.

구연산과 같은 물질로 이런 침전물을 없앨 수 있다는 것은 이미 많이 이야기했으니 청소 방법은 더 이상 이야기하지 않을게요. 인터넷 쇼핑을 통하여 증류수를 몇 통만 사 두세요. 비싸지 않아요. 저렴한 증류수 제조기도 있으니 청소에 진심인 부지런한 자라면 구매를 고려해 보세요.

증류수를 스퀴즈 보틀에 담아 두고 청소 마무리를 할 때 수전이나 거울에 뿌리세요. 증류수는 물을 끓여 그 증기만 모은 것인데 미네랄이 더 이상 녹아 있지 않습니다. 증류수가 표면에 혹여나 남아 있을 수 있는 미네랄을 싹 제거해 버릴 것입니다. 증류수 물방울은 말라붙어도 흰 자국이 남지 않습니다.

하얀 침전물과 좋게 좋게 헤어지는 초간단 비법을 알려 드렸습니다.

게으른 자를 위한 화학 TIP

p.s. 물론 마른 수건으로 표면을 깨끗이 닦으면 되지만 그걸 귀찮아하는 분도 있어서 드린 해법입니다. 조금의 자국도 남기고 싶지 않은 분은 이처럼 해 보시라는 것이지요. 화학자가 마음먹고 청소에 덤벼들면 어떤 일이 벌어지는지를 보여 드렸어요.

p.s. 아래쪽 치아 안쪽에 쌓이는 치석의 주성분이 바로 석회석입니다. 이 치석을 물리적으로 제거하는 것이 얼마나 어려운가요? 치석이 수전이나 샤워실 유리 등에 쌓여 있는 셈인데 구연산이나 식초를 쓰면 싹 녹여 버릴 수 있어요. 산성인 콜라로도 석회석은 녹여 낼 수 있습니다. 그렇다고 치아를 산으로 녹이면 안 됩니다. ☺

욕조·세면대를 전문가 수준으로 깨끗하게 청소하는 방법은?

구연산의 구조

구연산의 화학 구조는 식초의 성분 아세트산을 3개 겹쳐 놓은 모습입니다. 그게 그렇게 궁금하지는 않으실 것이나 제가 말씀드리고자 하는 요지는 구연산은 식초가 하는 일을 할 수 있다는 것입니다.

식초는 화장실 바닥이나 벽에 그리고 변기 내부를 청소하는 데 쓰지요? 이걸 묽혀서 쓰면 아무 소용 없어요. 식초는 적어도 6~7%짜리는 써 줘야 세균을 죽이는 데 효과가 있으니 시중에 파는 원액 그대로 쓰면 됩니다. 그런데 식초 냄새가 너무 독합니다. 영 마음에 안 들어요.

그래서 저는 식초를 쓰는 대신 냄새가 없는 구연산을 씁니다. 진한 구연산 용액은 표백 효과도 있고 세균도 잘 죽이고 때도 잘 벗겨 냅니다. 세균에 구연산을 팍 먹이면 '아이 셔' 그러면서 세균이 죽는다고 제가 말씀드린 거 기억하시지요? 한 주 동안 과탄산 소다를 뿌려대며 버틴 화장실. 이제 좀 박박 청소하고 싶어서 손이 근질거리는 분들이 생겼을 것 같습니다. 그런 분들은 이렇게 해 보세요. 우리는 아주 진한 구연산 용액을 만들 것입니다.

1 먼저 안경과 고무장갑을 끼고 시작합니다.
2 물 1컵에 대략 같은 부피의 구연산을 넣으며 스테인리스 수저로 저어 녹입니다.
3 구연산이 더 녹지 않을 때까지 계속 추가하여 넣으면서 녹이세요. 무게로 따져서 구연산이 물보다 약간 더 무거운 정도면 됩니다. 대충 하세요. ☺
4 이제 **이 구연산 용액은 아주 위험합니다. 농도가 50% 이상입니다.** 눈에 튄다든지 하면 큰일 나니까 조심해서 다루어야 합니다. 그리고 절대로 맨살에 닿지 않게 하세요.
5 이 진한 구연산 용액을 스펀지에 묻혀서 욕조, 세면대 등을 쓱쓱 닦기만 하세요. 그리 세게 문지를 필요도 없습니다.
6 욕조나 세면대에서 금세 누런 구정물이 보일 것입니다. '어디서 이 구정물이 다 나온 거야?'라는 생각을 할지도 모릅니다. 시간이 있다면 10~20분 정도

기다리고, 시간이 없다면 바로 샤워기로 물을 뿌려 욕조와 세면대 등을 씻어 주기만 하면 꽤 괜찮은 때깔을 가진 화장실로 변해 있을 것입니다.

7 (선택 사항) 워싱 소다를 물에 개어 같은 방법으로 욕조와 세면대를 닦아 줍니다. 이 단계는 시간이 있으면 하고 안 해도 무방합니다.

앞의 방법을 따라 진한 구연산 용액으로 욕조 및 세면대를 청소한 분들이 다음과 같이 후기를 들려주셨습니다.

구독자 1.

↳ 그랬구나… 스크래치 나서 변색된 게 아니라 때가 낀 거였구나… 감사합니다… 욕조에 광명을 찾아 주었습니다…

구독자 2.

↳ 와… 톤 업! ㅋㅋㅋㅋㅋㅋㅋ 아니… 이 신세계 무엇…?

아직도 믿지 못하는 분들이 있다는 것이 슬플 따름입니다. 진한 구연산 용액을 만들어 청소에 쓰면 여러 가지 장점이 있습니다만, 긴급히 욕조나 세면대를 청소해야 할 때는 구연산 용액을 만드는 것도 부담이지요. 이때 이것을 해결하는 꼼수는 간단합니다.

1 먼저 고무장갑으로 무장을 합니다. 맨손으로 하면 피부가 다 망가져요.

2 세면대나 욕조의 배수구를 막고 그 위에 구연산 한두 스푼을 부으세요.

3 그다음 물을 정말 조금만 (구연산 부피의 1/2 정도) 투하하고 스펀지로 구연산과 물을 같이 세면대나 욕조 표면에 비빕니다. 구연산은 워낙 잘 녹기 때문에 이렇게 해도 청소가 상당히 잘됩니다.

4 몇 번만 스펀지로 세면대나 욕조 표면을 닦아 주면 구정물이 나올 것입니다.

5 이제 샤워기를 틀어서 세면대·욕조 표면을 싹 헹구어 주면 끝!

이 방법의 단점은 명확하지요. 구연산의 낭비도 많고 배수구 속 배관 같은 곳을 청소하기에는 부적절하니까요. 또한 용액을 만들고 실험을 하는 듯한 재미도 없지요. 하지만 세면대나 욕조는 급한 대로 그럭저럭 깨끗하게 만들 수 있답니다. 혼자 사는 분들에게는 남자 친구 또는 여자 친구나 부모님이 갑자기 자취방을 급습할 때 아주 요긴한 방법일 것입니다.

게으른 자를 위한 화학 TIP

- 참고로 우리가 만드는 진한 구연산 용액의 pH는 2 근처입니다. 위산의 pH와 비슷합니다. 이런 높은 산성의 구연산 용액을 타일 사이의 실리콘 같은 것에 오랫동안 접촉시키는 것을 피하도록 하세요. 표면이 상할 수도 있으니까요.
- 또한 눈과 맨살에 진한 구연산 용액이 튀지 않게 조심해 주세요. 색깔 있는 예쁜 옷을 입고 청소하는 것도 안 됩니다. 구연산은 표백제로도 쓰이기 때문에 옷에 얼룩이 생길 수 있습니다. 혹시 맨살에 닿으면 많은 양의 물로 씻어 내도록 하세요.

깨끗한 집을 위한 쇼핑 목록

이제 게으름을 즐길 준비가 되었나요? 전국의 모든 가정이 화학적인 청소법이 만들어 낸 청결한 환경 속에서 여유를 즐기는 시간이 늘어나는 그날까지 쭈욱~ 가 봅시다. 다음의 제품들은 게으른 자와 게으른 자가 되고 싶은 자라면 누구나 집에 기본적으로 구비해 두어야 하는 것들입니다.

표백제 (원리: 라디칼을 이용)	• **락스:** 오래된 곰팡이 제거, 더러운 변기 청소에는 가장 효과가 좋지요. 하지만 욕실이 늘 청결하게 유지되는 집은 별로 필요 없는 제품. • **과탄산 소다:** 화장실 청결 유지(곰팡이, 물때 방지), 배수구 냄새 제거, 흰옷·색깔 옷 살균 및 얼룩 제거. • **과산화수소(세탁용과 소독용이 있음):** 효과적인 얼룩 제거를 위해 35% 과산화수소를 약국에서 구매.
염기성 물질	• **싱크대 클리너(가성 소다):** 막힌 배수관 뚫기. • **워싱 소다:** 기름때 제거(환풍구 거름망, 오븐, 전자레인지, 프라이팬 등), 설거지. • **베이킹 소다:** 냉장고 냄새 제거, 빨래 냄새 제거.

산성 물질	• **구연산:** 욕실 청소, 빨래 표백 및 부드럽게. • **식초:** 베이킹 소다와의 반응을 이용하여 배관 청소. • **김빠진 콜라:** 녹 제거.
유기 용제	• **알코올(에탄올 또는 이소프로판올):** 매직, 크레용 등의 얼룩 제거 가능. • **네일 폴리시리무버:** 얼룩 제거. • **WD-40:** 여러 가지 유기물 얼룩 제거에 유용합니다.
돌가루	• **제올라이트:** 습기 제거. • **고양이 모래:** 냉장고 냄새 제거.

2장

게으른 자가 깔끔해지는 질문

1 베이킹 소다, 워싱 소다, 과탄산 소다는 섞어도 된다고? 실전 빨래 레시피!

베이킹 소다와 워싱 소다는 둘 다 염기성을 가지는 염입니다. 베이킹 소다가 더 약한 염기성을 가지고 워싱 소다가 더 강한 염기성을 가집니다. 두 가지 물질 모두 찬물에도 아주 잘 녹습니다.

한편 과탄산 소다는 물에 녹으면 과산화수소 H_2O_2와 워싱 소다가 생깁니다. 이 물질은 낮은 온도에서는 아주 서서히 녹는 성질이 있습니다. 그러니 빨래를 할 때 따뜻한 물을 사용하면 좀 더 빨리 녹여서 과산화수소의 살균 효과를 볼 수 있어요. 과탄산 소다를 빨래에 쓰는 이유는 과산화수소의 표백·살균 작용을 이용할 수도 있고 워싱 소다의 기름때 제거 및 냄새 제거 효과를 볼 수도 있기 때문이지요. 여기에 밑줄 쫙 그으세요.

자, 그러면 기름때가 아주 많은데 굳이 살균을 할 필요가 없고 색깔이 빠질까 두려운 경우는 어떻게 하면 될까요? 그렇지요. 그냥 워싱 소다만 쓰세요.

기름때도 많고 세균 오염이 많아서 냄새도 독하다? 그러면 어떻게 하면 될까요? 과탄산 소다에 워싱 소다를 추가하면 되겠지요? 그냥 과산화수소와 워싱 소다를 섞어 써도 되고요. 주의할 점은 과산화수소 성분이 너무 많으면 옷감이 좀 상할 수도 있다는 것입니다.

냄새도 별로 없고 옷감이 상하는 것도 너무 뻣뻣해지는 것도 싫은 경우는 어떻게 하면 될까요? 그냥 베이킹 소다만 쓰세요.

자, 이제 애매한 경우입니다. 냄새는 별로 없는데 기름때는 꽤 있고 옷감이 너무 뻣뻣해지는 것은 싫고 '이걸 어떻게 해야 하나?' 싶을 때는 워싱 소다와 베이킹 소다를 섞어 쓰면 됩니다. 적당한 염기성 수용액이 생기겠지요?

'아 몰라. 다 섞어 쓸래' 그러면서 베이킹 소다, 워싱 소다, 과탄산 소다 다 넣으면? 아무 문제 없어요. 그냥 그렇게 해도 됩니다 '워싱 소다 + 과탄산 소다' 조합의 효과와 차이는 거의 없을 것이지만요.

그런데 워싱 소다로 빨래해도 기름때가 없어지지 않는 경우가 있어요. 우리가 먹는 기름은 유기산입니다. 화학 구조 속에 -COOH가 들어 있습니다. 워싱 소다는 염기성 물질입니다. 산성 물질과 염기성 물질 사이에 중화 반응이 일어나서 비누가 만들어지기 때문에 워싱 소다는 기름기를 없앨 수가 있습니다.

그런데 우리가 기름이라고 부르는 것들이 모두 유기산은 아닙니다. 예를 들어 자동차 윤활유나 타르 같은 것들은 -COOH를 가지고 있지 않아요. 이런 물질이 묻은 옷을 죽어라고 워싱 소다로 빨래해 봤자 절대로 기름때가 없어지지 않아요.

그러면 어떻게 하냐고요? 유유상종을 이용하는 것입니다. 이런 것을 녹여 낼 수 있는 유기 용매를 사용하여야 합니다. 에틸알코올(ethyl alcohol), 이소프로판올(isopropanol), 네일 폴리시리무버, 톨루엔(toluene), WD-40 제품과 같은 것을 이용하여 녹여 내는 것만이 문제를 해결할 수 있어요. 이런 것은 화학을 모르면 절대 해결할 수 없지요. 화학 공부를 해야 하는 이유를 이제 아시겠지요?

게으른 자를 위한 화학 TIP

베이킹 소다의 화학식은 $NaHCO_3$, 워싱 소다의 화학식은 Na_2CO_3입니다. 베이킹 소다, 워싱 소다, 과탄산 소다 세 가지 물질 모두 염기성 물질이고 인터넷 쇼핑으로 살 수 있습니다. 워싱 소다는 탄산 소다라는 이름으로도 판매되고 있답니다.

물 빠짐이 심한 옷은 어떻게 처리할까?

명반이라고 불리는 Alum은 $K_2SO_4 \cdot Al_2(SO_4)_3 \cdot 24H_2O$의 식을 가지고 있는 흰색 덩어리입니다. 물에 잘 녹습니다. 이 물질에서 가장 중요한 원소는 바로 알루미늄이지요. 알루미늄의 양이온 Al^{3+}가 우리에게 아주 좋은 일을 해 줄 수가 있어요.

색깔 옷의 색은 하늘에서 뚝 떨어진 것이 아니고 염료가 가진 색에서 나오는 것입니다. 그런데 세제는 염기성을 띠고 있고 다양한 염료들은 염기성 용액에서 녹아 나올 수 있는 화학적 구조를 가지고 있는 경우가 많습니다. 그러니 빨래를 하면 옷의 색이 빠져나오는 것은 필연적인 것입니다.

그러면 어떻게 해야 옷의 물이 빠지지 않도록 할 수 있을까요? 옷의 섬유와 염료 사이에 끼어서 단단히 양쪽을 붙잡을 수 있게 해 주면 되지 않을까요? 명반의 알루미늄 양이온 Al^{3+}가 그 일을 할 수 있습니다. 염료 분자에는 Al^{3+}와 강하게 결합할 수 있는 산소나 질소 원자들이 있지요. 또한 Al^{3+}는 우리 옷의 섬유 분자 구조에 있는 산소 원자들에 강하게 붙잡혀 있을 수 있습니다. 이렇게 해 보세요.

1 새로 산 옷을 찬물에 넣고 명반을 같이 넣고 녹입니다. 옷 무게의 1/100 정도의 양이면 될 것입니다.

2 한 시간 정도 내버려두었다가 찬물로 잘 헹구고 구연산이나 식초로 린스를 한 다음 잘 말려서 두면 명반으로 처리하지 않은 경우보다 옷의 물 빠짐이 훨씬 덜할 것입니다. 옷을 사고 처음에만 이렇게 하면 됩니다.

게으른 자를 위한 화학 TIP

- 봉숭아 물을 손톱에 들이는 원리도 마찬가지입니다. 손톱을 물들일 때 명반을 사용하면 아주 오래가는 색을 볼 수가 있습니다.
- Ca^{2+}, Mg^{2+}와 같이 전하가 1 이상인 양이온의 경우도 색깔 분자를 꽉 붙들고 있을 수 있답니다. 우리 몸에서 흘러나오는 땀에는 이와 같은 양이온도 있는데 이러한 양이온이 땀에 있는 색깔 분자를 붙잡고 말라 버리면 흰 속옷도 누렇게 찌들 수 있겠지요? 누렇게 찌든 와이셔츠의 깃을 다리미질하면 영원히 색이 남게 된답니다. 그러므로 와이셔츠나 속옷은 입고 나서 바로 세탁하는 습관을 들여야 합니다. 한번 누렇게 찌들면 그 색을 제거하기가 아주 어려워지니까요.

이염 방지 시트 있으면 색깔 옷 빨래 걱정 안 해도 될까?

이염 방지 시트라는 것이 있습니다. 색깔 옷 세탁을 할 때 같이 넣으면 옷에서 염료가 흘러나와 다른 옷을 물들이는 것을 막아 주는 역할을 하는 천 조각입니다. 그 원리는 지극히 단순합니다.

세제를 탄 물은 염기성입니다. 이러한 물에서 우리 옷의 염료는 음이온 상태로 옷에서 떨어져 나올 수 있고 다른 옷에 가서 달라붙을 수 있지요. 음이온은 양이온을 좋아합니다. 어떤 옷에서 떨어져 나온 염료가 세탁조 안에서 헤엄을 치다가 멋지게 생긴 양이온을 보면 끌릴 수밖에 없겠지요?

이염 방지 시트 천 조각의 표면에는 양이온들이 잔뜩 매달려 있습니다. 음이온 염료가 이염 방지 시트 표면에 달라붙는 이유입니다. 그런데 이러한 이염 방지 시트도 너무 믿으면 안 됩니다. 표면에 붙일 수 있는 염료의 양에는 한계가 있기 때문이지요.

새 옷을 샀는데 염색 상태가 심하게 불량한 경우 색이 아주 많이 빠질 수 있습니다. 예전 20대 초반 대학원에 다닐 때 스리랑카가 원산지인 새 옷을 빨았다가 같이 빨았던 다른 모든 옷을 물들인 슬픈 기억이 있습니다. 이렇게 물이 많이 빠지는 경우는 이염 방지 시트 조각 하나로는 그 많은 염료를 해결할 수가 없습니다.

이염 방지 시트는 아주 유용한 물건이지만 그 한계도 명확히 있다는 것만 알고 넘어갑시다. 어쩌다 깜빡하고 옷을 물들였다? 그때는 '아싸, 분홍 옷 하나 득템!' 하는 긍정적 마인드로 살아가야죠.

게으른 자를 위한 화학 TIP

- 새 옷은 처음에 빨 때, 직전 글처럼 명반으로 처리하고 세탁을 해 보기 바랍니다. 애당초 옷에서 물이 빠지지 않게 만들면 이염이 훨씬 줄어들겠지요?
- 그러고 나서도 다른 옷과 빨아도 되는지 아닌지 몇 번은 유심히 관찰해야 합니다. 세탁을 할 때 눈에 보일 정도로 물 빠짐이 있는 색깔 옷은 절대로 다른 옷과 같이 빨지 마세요.

게으른 자의 고민 : 오래된 얼룩은 어떻게 제거하나?

4

오래된 얼룩은 참 제거하기 힘들지요. 빨래를 했는데도 남아 있는 빨간 고춧물, 와인 자국, 핏자국. '이것은 전문가의 영역이다'라고 생각하고 세탁소에 맡기는 분도 있을 테고 그냥 짜증은 나지만 어쩔 수 없이 그대로 입고 다니거나 버리는 분도 있을 것입니다. 이제 그러한 고민을 더 이상 할 필요 없습니다. 왜냐고요? 바로 저를 만나셨기 때문이지요.

먼저 곰곰이 생각을 해 보아야 합니다. 금방 묻은 핏자국은 물로만 쓱쓱 닦아도 헹구어지는데 왜 오래된 핏자국은 그렇지 못할까? 우리가 얼룩을 제거할 때 사용하는 세탁 세제에 들어 있는 활성 성분, 과산화수소 등이 작용을 하려면 핏자국이나 고추기름 색을 내는 원천적인 화합물에 닿아야 합니다. 그 얼룩을 만드는 성분들끼리 서로 말라붙어 버리면 속에 숨어 있는 얼룩 성분은 없앨 수가 없지요.

1 말은 길게 했지만 단순해요. 먼저 고추기름 자국 같은 것은 순수한 알코올, 네일 폴리시리무버 같은 액체를 묻히고 비비세요. 좀 번져도 상관없어요. 핏자국은 물에 불려야 합니다. 세제를 좀 넣고 불려도 좋겠지요. 옷 전체를 물에 넣지 말고 얼룩이 있는 부분만 세제가 들어 있는 물에 불리세요. 얼마 동안 하냐고요? 한 10분이면 충분할 것입니다. 그리고 손으로 열심히 비벼 보세요. 옷이 충분히 젖어 있고 색이 좀 번지는 기미가 보이나요? 아니라고요? 좀 더 고생하세요. 그러면 이제 다음 단계로 넘어갑시다.
2 핏자국은 피에 들어 있는 철 이온 때문에 빨간색이 있는 것입니다. 그러니 철 이온이 빠져나오게 되면 색이 없어지겠지요? 진한 구연산 용액에 얼룩 부분을 넣고 고무장갑 낀 손으로 비벼요. 세게 비벼 비벼! 고춧가루 때문에 생긴 것은 이럴 필요 없습니다. 고추기름 얼룩은 바로 3으로 가세요.
3 표백에 쓰이는 과산화수소액을 유리그릇 같은 데 담아 두고 옷의 얼룩 부분을 담그세요. 시간이 지나면 서서히 얼룩이 없어질 것입니다. 과산화수소가 없다고요? 걱정하지 마세요. 게으른 우리에게는 과탄산 소다가 있잖아요. 적은 양의 물에 얼룩진 부분을 담그고 과탄산 소다 1스푼을 부으세요. 내버려두면 녹을 것입니다. 녹으면서 옷의 얼룩은 서서히 사라지지요. 시간이 다 해결해 줄 것입니다. 얼룩이 다 없어지면 세탁기에 넣고 한 번 돌리면 좋겠네요.

※주의 색깔 옷의 경우 염색 성분에 따라 과산화수소, 과탄산 소다 정도로도 옷의 색이 다 표백되는 경우가 있습니다. 반드시 안 보이는 부분에 테스트를 하고 3을 진행해 주세요.

'락스로 하면 금방인데? 하고 생각하실 수도 있을 것입니다. 과산화수소보다 표백 능력이 월등히 강한 락스는 색깔 옷의 색을 완전히 망쳐 놓기 때문에 색깔 옷의 얼룩 처리용으로는 적합하지 않습니다. 또한 락스는 섬유의 가닥가닥을 끊어 놓기 때문에 얼룩진 부분이 빨리 해지게 됩니다.

이상 오래된 얼룩을 없애는 방법을 말씀드렸습니다. 단계가 복잡하다고요? 그러게 왜 얼룩이 생기자마자 처리 안 하셨어요? 고추기름이나 와인 얼룩 없애는 방법을 몰랐다고요? 이제는 아시지요? 얼룩은 생겼을 때 바로 없애세요. 귀찮다고요? 나중에 '개'고생을 피하려면 그것이 가장 손쉬운 방법입니다.

게으른 자를 위한 화학 TIP

오늘의 개똥철학: 굳어 버린 얼룩, 굳어 버린 습관. 다 시간이 오래 걸려서 만들어진 것이네요. 원상태로 되돌리기 위해서는 많은 시간을 써야 합니다. 우리의 소중한 시간 말이지요. 그러니 무엇이든 처음부터 제대로 하는 것이 참 중요합니다. 한편 다른 각도에서 바라보면 '굳어 버린 얼룩이나 습관도 시간을 들이면 되돌릴 수 있다'는 것을 알 수 있습니다. 이것을 하느냐 마느냐는 개인의 선택과 의지에 달린 것일 뿐이지요.

5 주부 10단은 다 아는 세탁기, 식기세척기, 배수구 관리법?

요즘은 드럼 세탁기를 많이 써서 우리 눈에 보이지 않는 통의 뒷면과 배수구가 얼마나 더러운지 잘 모르세요. 통돌이 세탁기를 써 본 분이나 지금도 쓰는 분들은 아실 텐데 통 뒤에는 검은곰팡이도 피어 있을 수 있고 끈적끈적한 점액질도 보일 수 있습니다. 진짜 더러워요. 으~ 생각만 해도 입맛이 떨어지는군요. 어쩌면 아무리 세탁을 해도 옷에서 냄새가 계속 나는 이유는 더러운 세탁기 때문에 그럴 수도 있습니다.

식기세척기도 마찬가지입니다. 배수구에는 음식물 찌꺼기 때문에 정말 더럽지요. 간단한 해결법이 있어요.

1 아무것도 넣지 말고 **과탄산 소다** 두어 스푼을 넣고 뜨거운 물로 한 사이클 돌

리세요. 아주 자주 할 필요는 없을 것입니다. 그러나 가끔은 이렇게 보이지 않는 곳을 살균해 주는 것이 좋을 것입니다.

2 과탄산 소다가 없다면 **구연산**으로 해도 됩니다. 단 구연산의 경우는 농도가 꽤 높아야(구연산:물=1:10 정도) 과탄산 소다만큼의 살균력을 기대해 볼 수 있겠습니다. 구연산으로 돌리고 베이킹 소다로 돌려도 되고 순서를 바꾸어서 해도 되고. 하지만 저의 1픽은 과탄산 소다입니다. 두어 스푼만 넣으면 세균·냄새 고민 끝.

집에서 제일 냄새가 심하고 처리 곤란한 곳은 어디인가요? 화장실의 배수구, 부엌 싱크대 배수구, 심지어 세면대 배수구. 배수구가 문제입니다. 혹시 성이 배이고 이름이 수구라면 죄송합니다. 제 아내는 제가 이런 농담을 하면 '화가 난다!'라고 외치긴 하지만 개그 욕심에 그만….

우리 몸의 때는 세균이 좋아하는 먹잇감으로 가득 차 있지요. 기름도 있고, 단백질과 당분까지 세균 입장에서는 맛있는 한 상 차림입니다. 부엌의 싱크대에 들어 있는 음식물 찌꺼기도 마찬가지지요. 배수구에는 생명체가 살아가는 데 필수적인 물도 늘 촉촉하게 있으니 잠시만 신경을 안 쓰면 냄새나는 세균 천국이 됩니다.

이 책을 처음부터 읽어 보신 분은 앞으로 제가 할 말을 이미 알고 계실 것입니다. 샤워나 설거지가 끝나면 배수구에 과탄산 소다를 조금만 (몇 알갱이만 해도 충분합니다) 뿌려 두세요. 스테인리스 재질의 강이나 배수구의 플라스틱 파이프는 소량의 과탄산 소다에서 나오는 과산화수소에 부식이 된다든지 분해되든지 하는 문제를 겪지 않을 것입니다.

배수구에 소량의 세제를 뿌려 두는 것도 권할 만하지만 과탄산 소다는 세균 킬러니까 확실하게 배수구 냄새를 잡을 수 있을 것입니다.

화장실의 물때와 검은곰팡이를 없애기 위해 저의 과탄산 소다 처방을 따르는 분들은 화장실 배수구는 건너뛰고 세면대와 싱크대의 배수구만 처리하면 되겠지요?

게으른 자를 위한 화학 TIP

- 집에서 세균을 죽일 수 있는 방법은 다음과 같은 것들이 있습니다. 반응성이 큰 라디칼을 가지고 있는 표백제를 사용하는 것, 뜨거운 물로 세균 안에 있는 단백질을 변성시키는 것, 알코올 또는 산성 물질을 이용하여 세균의 단백질을 변성시키는 것이지요. 이 중 뜨거운 물은 배관을 상하게 할 수 있고, 알코올이나 식초는 냄새가 고약하여 사용이 불편합니다. 또한 표백제 중에 락스는 높은 농도에서는 배관을 상하게 하고 스테인리스도 부식시킬 수 있어 사용할 수 있는 곳이 한정되어 있지요.
- 이런 이유로 냄새가 적으며 식초와 비슷한 살균 효과를 가지는 구연산과, 락스보다는 덜 과격한 작용을 하는 표백제인 과탄산 소다를 사용하여 세균을 죽이는 것을 권하는 것입니다.

화장실, 냉장고의 퀴퀴한 냄새와 이별하는 방법은?

게으른 자가 청소를 안 해서 지저분한데 냄새까지 심하면 더러운 자가 됩니다. 더러운 자가 되기는 싫지요. 아무리 게을러도.

집에서 냄새가 심한 곳은 어디인가요? 싱크대나 화장실 배수구 같은 곳의 세균으로 인한 냄새는 앞의 글들에서 다 해결해 드렸습니다. 세균이 없으면 썩지 않고 썩지 않으면 냄새가 안 납니다. 화장실에서 큰 일을 보거나 작은 일을 보아도 환풍기가 틀어져 있으니 일반적인 상황에서는 큰 문제가 없습니다. 사귀는 사람 집에 놀러 갔는데 갑자기 배가 아파서 배 속 사정을 알리게 되는 그러한 난처한 상황이 아니라면 일반적으로는 문제없지요.

그래도 다음 상황들을 생각해 보고 각각에 대해 대처해 봅시다.

1 **남자 친구/여자 친구 집에서 내 속사정을 다 내보인 경우**

- 샤워를 합니다. 세찬 물줄기가 공기 중에 떠 있는 냄새 분자를 끌고 하수구로 빠져나갑니다.
- 아직 샤워를 할 수 있는 관계가 아닌 경우는 섬유 탈취제(페브리즈 같은)를 뿌립니다. 페브리즈는 냄새를 실제로 없앱니다. 안의 성분들이 냄새 분자를 끌어안을 수 있거든요.
- 페브리즈도 없는 그런 경우 샤워기(세면기라도)의 물을 세차게 틀어 놓고 일을 봅니다. 샤워기의 물줄기가 냄새 분자를 끌어안고 배수구로 향합니다.

2 **보다 깔끔한 화장실 느낌을 주고 싶을 때/냉장고의 냄새를 제거하고 싶을 때**

- **활성탄**은 다양한 분자를 흡착할 수 있어요. 그러니 인터넷에서 파는 활성탄을 넣어 둡니다.
- **베이킹 소다**는 냄새 분자 중 산성을 띠는 녀석들을 처리할 수 있습니다. 그러니 접시에 베이킹 소다를 넓게 펴서 담아 두는 것은 좋은 아이디어입니다.
- 화장실 근처에 작은 **공기청정기**를 틀어 둡니다. 청정기 내의 활성탄이 냄새 분자를 잡습니다.
- **고양이 모래**를 접시에 담아 둡니다. 고양이 소변 냄새 대단하지요? 그것의 냄새를 잡을 수 있으니 냉장고나 일반 화장실의 냄새 정도야 간단히 해결할 수 있습니다.

3 집에 아주 대단한 방귀 대장이 있을 때

- 방귀 대장과 가까운 곳에 공기청정기를 틉니다. 자다가 갑자기 공기청정기 소리가 커져서 잠을 깰 수도 있으니 이 방법은 단점이 없지는 않습니다.
- 방귀 대장은 상황이 발생했을 때 공기청정기에 엉덩이를 대고 사태를 종료시킵니다.

게으른 자를 위한 화학 TIP

고양이 모래는 벤토나이트라는 점토가 주성분입니다. 냄새를 아주 잘 잡는 물질입니다.

7 게으른 자도 할 수 있는 칫솔 관리법이 있다?

아이가 아주 어릴 때 아내가 장모님과 같이 동네 목욕탕을 다녀와서 해 준 이야기가 아직도 기억에 생생하네요. 아이와 비슷한 또래의 친구를 목욕탕에서 만났는데 그 친구가 '우리 아빠는 방귀 엄청 잘 뀐다'라고 하니까 제 아이가 배를 내밀면서 이렇게 자랑을 하더라는군요. '우리 아빠는 입냄새 엄청 난다!' 주변에서 아주머니들은 다들 킥킥대고. 이야기의 끝은 언제나 똑같지요. 아내의 사랑으로 가득 찬 한마디. '그러게 이 좀 자주 닦지 그랬어?'

칫솔과 좀 더 친하게 지냈으면 없었을 슬픈 이야기였네요. 그런데 저는 칫솔을 보면서 가끔 그런 생각을 합니다. '너는 어제의 내 입속 세균과 그 후손들로 잔뜩 덮여 있겠지?' 갑자기 칫솔을 입에 넣기가 싫어지지 않나요?

게으른 자도 할 수 있는 칫솔 관리법을 하나 알려 드립니다.

1. 칫솔질 다 하고 나서 칫솔모 사이사이에 구연산을 솔솔 뿌려 두세요.
2. 아니면 컵에 구연산을 가득 담아 두고 칫솔을 한번 푹 담갔다가 꺼내서 칫솔 꽂이에 두면 됩니다.
3. 칫솔질을 할 때는 칫솔을 물로 슬쩍만 헹구고 털어서 쓰면 됩니다.

대부분의 세균은 높은 산성 조건에서는 증식을 못 하거나 죽습니다. 오늘도 구연산 먹은 칫솔의 세균이 '아이 셔 😖' 그러면서 죽었습니다.

한편 칫솔질을 하고 칫솔을 헹구고 나서 칫솔걸이에 예쁘게 걸어 두는 분들도 많겠지만 많은 게으른 자들은 물컵에 툭~ 하고 칫솔을 꽂아 놓기 일쑤지요. 시간이 좀 지나면 칫솔 손잡이는 울긋불긋하게 변해 있거나 시커먼 곰팡이가 자라 있는 것을 보게 됩니다. 냄새를 맡아 보면 칫솔 손잡이에서 걸레 냄새가 날 것입니다. 이런 칫솔을 더 사용하는 것은 건강에 큰 위험을 초래할 수 있습니다. 당장 버리는 것을 권합니다.

저의 과탄산 소다 사랑 이제 다들 아시지요? 컵 하나에 과탄산 소다를 가득 담아 두고 칫솔질이 끝나면 칫솔을 세워서 손잡이 부분을 푹 꽂아 두세요. 칫솔 손잡이에 물이 젖어 있어도 신경 쓰지 마세요. 더 좋아요. 그 소량의 물이 과탄산 소다를 아주 조금 녹이면 워싱 소다 성분과 과산화수소 성분이 생기는 것 이제 다들 아시잖아요. 그 과산화수소가 세균과 곰팡이 증식을 막아 줍니다. 세균과 곰팡이는 과탄산 소다 근처에도 못 오거든요.

칫솔을 사용할 때는 툭툭 털어 버리고 사용하면 됩니다. 가볍게 헹구어도 되고요. 칫솔모에 과탄산 소다 알갱이 한두 개가 튀어서 붙어 있더라도 걱정하지 마시고요. 털어 버리면 됩니다.

아무도 찾지 않는 혼자 사는 집이라면, 그리고 좀 너저분해 보여도 상관없다면 이렇게 해도 돼요. 세면대의 수도꼭지 옆에 과탄산 소다 가루를 눈처럼 뿌립니다. 그 위에 칫솔을 얹어 두면 칫솔모 냄새도 안 나고 손잡이 곰팡이도 안 생길 것입니다. 그 과탄산 소다 가루는 치울 필요 없이 두어 주 정도 써도 됩니다. 지저분해 보이지만 더럽진 않아요.

게으른 자를 위한 화학 TIP

- 아이참, 구연산은 씻어 버리고 칫솔질을 하셔야죠. 안 그러면 너무 '아이 셔' 해서 치아 다 녹아요! 아무리 게을러도 이 짧은 글을 읽으셔야죠.
- '세균이 아이 셔 😖 그러면서 죽었습니다'라는 표현을 쓴 이후에 저를 아이셔 선생, 아이셔 교주로 부르는 분들이 좀 생겼습니다. 또한 게으른 자들의 왕이라고 하여 '게왕'이라는 별칭도 생겼네요. 😄

발냄새와 신발장 냄새를 화학으로 줄여 볼까요?

마늘 냄새

식초 냄새

치즈 냄새

발냄새를 만드는 분자들

사람의 발에서 나는 땀 그리고 거기서 무럭무럭 자라나는 세균이 만들어 내는 유기산(RCOOH)과 메틸메르캅탄(CH_3SH)이 발냄새의 원흉입니다.

워싱 소다는 RCOOH와 중화 반응을 하여 냄새 분자를 잡을 수 있다고 했습니다. 그러면 워싱 소다를 신발장 안에 모셔 두는 것을 생각해 볼 수 있겠지요?

그다음으로 CH_3SH를 붙잡아야 합니다. 어떻게 해야 할까요? -SH 화합물들은 구리나 은과 반응을 아주 잘합니다. 그러면 어떻게 해 보면 될까요? 인터넷 쇼핑으로 구리 망을 사서 신발장에 까는 것을 생각해 볼 수 있어요. 또는 구리 망을 구겨서 공처럼 만든 다음에 운동화에 집어넣어 두는 거죠. 구리 수세미도 있네요. 이걸 그냥 넣어도 됩니다. 특히 운동하고 난 직후에 넣으면 좋겠습니다.

해결책을 드립니다. 신발장 냄새를 1. 워싱 소다와 유기산 사이의 중화 반응을 이용하고, 2. 구리와 -SH 사이의 반응을 통하여 제거해 봅시다.

방법 1

워싱 소다를 못 쓰는 양말에 넣고 그 양말을 묶으세요. 그 양말을 신발에 넣습니다.

방법 2

작은 구리 망 뭉치나 수세미를 신발에 넣어 보세요.

방법 3

그냥 신발장 한구석에 워싱 소다를 담은 그릇이나 구리 뭉치를 두어도 무방할 것입니다.

구리 뭉치는 가끔씩 진한 구연산 용액에 담갔다가 꺼내서 쓰면 영구적으로 사용 가능합니다. 워싱 소다는 몇 달에 한 번씩 갈아 주면 충분할 것이고요.

아참, 발냄새가 정말 고민이라면 방취제(데오드란트*)를 써 보세요. 운동화의 깔창에 데오드란트를 바르는 거죠. 꼭 겨드랑이에만 바르란 법이 있나요? 깔창을 2개만 사서 번갈아 가며 세탁하고요.

단 신발용 데오드란트는 겨드랑이에는 사용하지 않는 걸로.

게으른 자를 위한 화학 TIP

학생을 위한 실험 제안: 식초는 유기산입니다. 산성이지요. 그릇에 식초 1스푼을 붓습니다. 그리고 식초 냄새를 맡아 봅니다. 여기에 염기성 염인 워싱 소다를 솔솔 뿌려 줍니다. 거품이 뽀글뽀글 올라올 것입니다. 거품이 올라오지 않을 때까지 워싱 소다를 추가로 뿌려 주고 수저로 저어 주세요. 이제 냄새를 맡아 봅니다. 식초 냄새가 더 이상 나지 않지요? 바로 이것이 산성 물질과 염기성 물질 사이의 중화 작용을 통한 냄새 제거의 원리입니다.

* deodorant는 발음 기호와 외래어 표기법 등을 고려하면 '디오더런트' 정도로 쓸 수 있지만, 이 본문에서는 실생활에서 많이 사용되는 '데오드란트'로 표기했습니다.

화학 고수만 아는 워싱 소다가 냄새 잡는 비밀

식초 냄새가 시큼하지요? 식초는 CH_3COOH라는 분자식을 가지는데 -COOH라는 부분이 냄새의 원흉입니다. 사람의 겨드랑이에서도 -COOH를 가지는 즉, 유기산 분자가 방출되고 이것이 겨드랑이 냄새의 원흉이지요.

여러분은 중화 반응이란 산과 염기가 만나 물과 염을 만드는 것이라는 것을 배우셨습니다. '유기산? 산이네? 그러면 염기성 물질로 중화를 시키면 되지 않아?'라는 생각에 도달하였다면 여러분은 이제 화학 초보는 넘어섰습니다. 그러면서 '염기성 물질이라~ 워싱 소다, 베이킹 소다 같은 것이 염기성 물질이라고 하지 않았나?'라는 생각까지 갔다면 이제 회사를 차릴 수도 있겠네요. 왜냐면 워싱 소다가 바로 겨드랑이 냄새를 잡아 주는 데오드란트 성분이니까요. 워싱 소다와 유기산 RCOOH 사이에 중화 반응이 일어나서 냄새 분자가 공기 중으로 떠오를 수 없게 만듭니다.

만약에 여러분이 냄새나는 염기성 물질을 만져서 손에 냄새가 배었다면 어떻게 하시겠습니까? '산을 쓰면 되잖아' 그러면서 식초나 레몬즙을 슬그머니 꺼내는 분은 화학 고수에 속합니다. 이 역시 중화 반응으로 냄새를 없애는 것입니다.

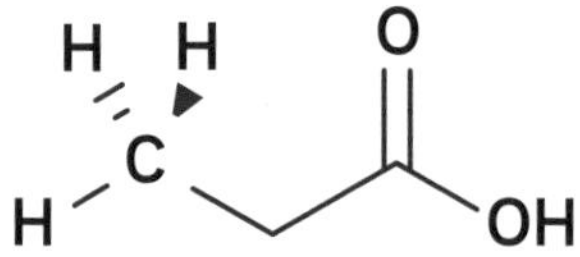

식초 냄새

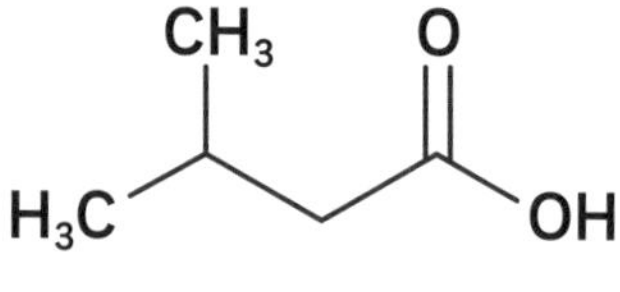

치즈 냄새

발냄새를 만드는 유기산

위의 그림에서 발냄새(식초, 치즈 냄새)의 주된 원흉도 유기산이라는 것을 알 수 있습니다. 냄새나는 양말도 워싱 소다로 빨래를 하면 깔끔

하겠지요? 헬스장에서 입고 젖은 채로 방치하여 걸레 냄새가 나는 티셔츠도 워싱 소다로 빨면 됩니다.

어때요? 화학 참 쉽죠?

게으른 자를 위한 화학 TIP

생선 냄새는 오메가 3와 같은 유기산과 염기성 물질이 복합적으로 내는 것입니다. 그러면 이제 생선 냄새를 어떻게 없앨지 생각해 봅시다. 염기성 물질을 없애고 그다음에 산성 물질을 없애면 되지 않을까요? 산성인 레몬즙이나 식초, 또는 구연산 용액으로 손을 헹구고 염기성인 베이킹 소다를 손에 비비면서 씻어 볼까요? 웬만한 냄새 물질들은 산성 물질로 닦아 내고 그다음에 염기성 물질로 닦아 주면 다 없어진답니다. 이 순서를 바꾸어서 해도 됩니다.

저에게 낚여 밤낮으로 청소 실험을 하는 분들에게

10

가끔씩 네이버에서 제 글을 네이버 지식플러스 또는 메인 페이지에 노출을 할 때가 있습니다. 정말 무작위로 사람들이 들어오기 때문에 제 구독자들의 수준에는 많이 모자라는 코멘트를 날리고 사라지는 경우가 있습니다. 예를 들어서 '분리수거할 때 왜 씻어서 버리냐?' 같은 이해가 안 되는 코멘트도 있어요. 또한 손가락 하나 까딱하지 않으면서 해 보지도 않고 엉터리 지식을 입으로만 떠들어 대는 사람도 많습니다.

현대그룹을 만든 고 정주영 회장이 했던 말이 있습니다. '이봐~ 해보기나 했어?' 제가 학생들에게 늘 하는 말이기도 합니다. '일단 해보고 그 결과를 보자.' '우리가 아는 것이 얼마나 된다고 머릿속에서 다 해결하려고 그래? 해 봐야 되는지 안 되는지 알지.'

화학은 아주 실용적인 학문입니다. 해 봐야 압니다. 예를 들면 워싱 소다를 설거지에 써 보고 그 성과를 눈으로 봐야 '아, 이래서 좋다고 하는구나' 하고 아는 것입니다. 그리고 워싱 소다를 써서 정말 윤이 나게 번쩍거리는 접시를 내 손으로 만들어 내면 즐겁습니다. 자신감도 생깁니다. 세상에 나보다 깨끗하게 설거지를 잘하는 사람은 없다는 그런 생각 말이지요.

설거지와 청소를 입으로 하나요? 머리로 하나요? 손으로 해야 합니다. 손으로 해서 번쩍거리게 만드는 사람이 되어야지요. 그런 의미에서 여러분은 뛰어난 실험 화학자가 될 준비가 이미 되어 있습니다.

게으른 자를 위한 화학 TIP

p.s. 호기심을 잃지 않아야 세상이 재미있습니다. 머릿속 상상에 그치는 것이 아니라 손으로 만들어 내는 작품, 그것을 화학이 해냅니다. 앞으로도 재미있는 화학 실험을 계속해 봅시다.

게으른 자의 청소
: 시간의 힘

새로운 청소 삼총사 구연산, 워싱 소다(베이킹 소다를 밀어냄), 과탄산 소다를 만난 게으른 자들이 요즘 부쩍 부지런해진 듯하군요. 부지런해진 것은 문제가 없으나 정말 중요한 것을 잊고 사는 것은 아닌지 다들 한번 자신을 돌아봅시다.

혹시 당신은 기름때가 낀 거름망을 청소할 때 워싱 소다 반죽을 바르자마자 마법처럼 거름망이 깨끗해지는 것을 기대하고 있지는 않나요? 샤워 부스 유리에 구연산 용액을 바르고 바로 수세미를 들고 '돌격 앞으로!'를 외치고 있지는 않나요? 만약 이런 상황이 벌어진다면 이건 정말 제가 상상하지 못했던 최악의 상황이군요.

공부하는 것을 썩 달가워하지 않는 것을 알지만 복습을 해 봅시다. 화학반응은 일반적으로 다음의 조건이 이루어지면 더 잘 일어납니다.

1 **반응성이 높은 화합물을 사용할 때:** 첫눈에 반하는 불꽃같은 사랑을 생각해 보세요.

2 **화합물의 농도가 높을 때:** 첫인상은 별로지만 자꾸 만나다 보면 괜찮아 보이는 것.

3 **온도가 높을 때:** 놀이공원에 가서 무서운 놀이기구를 탔을 때 두근대는 마음이 옆사람을 좋아하여 두근댄다고 착각.

그런데 가정생활에서 1과 3의 상황은 피하고 싶지요. 위험한 화합물을 사용하고 싶지도 않거니와 화상을 입고 싶지도 않잖아요. 그러면 집에서 사용할 수 있는 것은 2번입니다. 자주 만나다 보면 정이 들잖아요. 세제의 농도가 높으면 세제와 때가 만날 확률이 높아지지요.

2번 상황에 아주 중요한 인자를 더해 봅시다. 바로 '시간'이라는 인자를 더합시다. 자꾸 보는데 아주 오래 보게 되면 어떻게 되나요? 대부분의 사람들이 자꾸 보고 오래 보는 사람과 가정을 이루잖아요. 똑같은 것입니다. 세제와 때가 서로 눈이 맞게 만들어 봅시다. 시간을 주자 이 말입니다. 여러분들이 세제와 때라고 이야기하는 것은 아닙니다. 바퀴벌레 한 쌍이라는 소리는 많이 들었겠지만.

요약합니다. 새로운 청소 삼총사를 이용한다고 하더라도 때로는 즉각적인 효과가 안 보일 때가 있습니다. 기다리세요. 시간이 해결합니다. 예를 들어 진한 구연산 용액을 샤워 부스에 바르고 커피 한잔하고 돌아와서 청소를 시작해 보세요. 그러면 시간의 힘을 느낄 수 있습니다.

마지막으로 다시 이야기합니다. '시간'을 주세요. 성급한 자는 아무것도 이룰 수 없습니다.

3장

반짝반짝 관리되는 청결한 질문

1

클레오파트라의 피부 관리 비결은?

최근 젖산(lactic acid)을 주성분으로 하는 피부 관리 제품들이 인기를 끌고 있지요? 클레오파트라는 신맛이 나는 당나귀 젖을 이용하여 목욕을 했다고 전해집니다. 집에서 요구르트를 만들어 보면 아주 신맛이 나지요? 우유에 들어 있는 젖당이 유산균에 의해 발효되어 젖산으로 바뀌어서 그런 것입니다. 그러니 클레오파트라는 젖산으로 피부 관리를 한 것입니다.

O
H_3C
OH
OH

젖산

젖산은 말 그대로 산이기 때문에 신맛이 나는 산성 물질입니다. 젖산 함유 제품을 피부에 바르게 되면 피부의 pH를 낮추어서 피부 유익균인 유산균을 잘 자라게 하고 다른 균은 못 붙어 있게 하는 효과가 있지요. 피부의 잡균이 모낭에서 살면서 만드는 여드름을 억제하는 데 도움이 되는 것은 자명합니다.

또한 젖산은 피부 세포로 침투하여 세포의 성장을 도와줍니다. 그러니 각질은 떨어져 나가고 새로운 아기 피부가 자라 나오는 것이지요. 젖산은 물 분자와 수소 결합을 강하게 할 수 있답니다. 그러니 피부에 물이 계속 촉촉하게 남아 있게 하는 역할을 하니 보습 효과도 끝내주지요.

그런데 단점이 전혀 없는 것은 아닙니다. 피부는 외부로부터 나쁜 물질들이 침투하는 것을 막아 줍니다. 그런데 과도하게 젖산 함유 제품을 사용하면 피부를 매일 벗겨 내니까 이 보호층이 망가져서 문제가 생길 수도 있겠지요?

약 10% 이상의 고농도 젖산 함유 제품을 하루 사용하면 그다음 날은 쉬어 주고 하는 것이 어떨까요? 피부과에서 약하게라도 매일 레이저로 박피 시술을 한다고 생각해 보세요. 너무 아프잖아요. 아기 피부는 예쁘지만 연약한 것 다 아시잖아요.

지금 사용하고 있는 세안 제품이나 로션 같은 피부 관리 제품에

lactic acid가 들어 있는지 한번 보세요. 꼭이요. 젖산이라고 표시되지 않고 AHA(alpha hydroxy acid)로 표기되어 있을 수도 있어요.

게으른 자를 위한 화학 TIP

AHA는 여러 종류가 있어요. 젖산은 그중 하나입니다. 젖산 함유 제품 종류에 대해 좀 더 자세히 알아보고 싶으면 lactic acid exfoliant(젖산 박피제) 또는 lactic acid serum(젖산 세럼)을 구글에서 영문으로 검색해 보세요. 아주 다양한 제품이 있고 제품 사용 후기도 있으니까 자신에게 맞는 제품을 찾아서 구입하면 됩니다.

여드름에는? OOO!

만인의 골칫덩이 여드름, 특히 청소년에게는 큰 숙제입니다. 여드름 때문에 너무 속상한 일이 많습니다. 이번에는 이걸 해결해 봅시다. 여드름이 생기는 이유는 참으로 복합적인 것이라 하나의 해법만 존재하는 것은 아닙니다. 그렇지만 여드름 문제를 해결하기 위해 시도할 만한 방법을 하나 배워 봅시다.

어떻게 하냐고요? 미안하지만 절대로 그냥 답만 알려 주지는 않겠습니다. 세상에 공짜가 어디에 있겠습니까? 배움의 관문을 지나야 왜 그 답이 의미가 있는지를 알 수 있을 테니 일단 수업을 좀 합시다.

젖산 lactic acid와 살리실산 salicylic acid를 그려 두었습니다. -COOH의 탄소(그림에는 C가 보이지 않음)를 0번으로 하면 젖산은 바

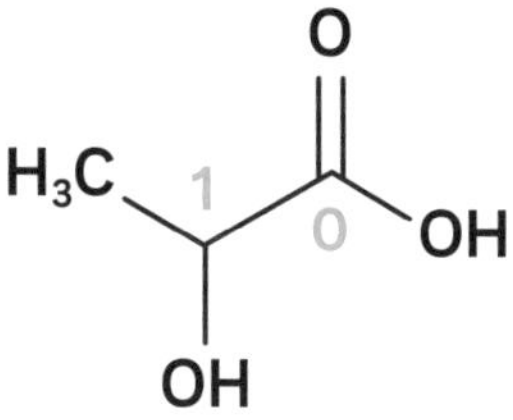

젖산

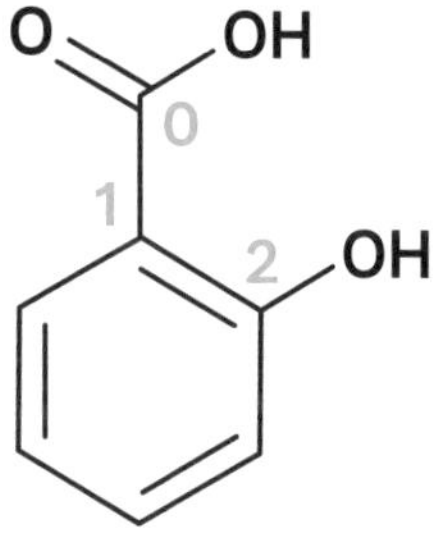

살리실산

로 옆 1번 탄소에 -OH가 붙어 있고 살리실산은 2번 탄소에 -OH가 붙어 있습니다.

첫째 자리 1번을 알파(alpha)라고 부르고 두 번째 자리 2번은 베타(beta)라고 부릅니다.

젖산은 알파 자리에 -OH(hydroxy라고 불러요)가 있다고 해서 alpha hydroxy acid(산)라고 부르고 AHA라고 줄여서 부릅니다. 살리실산은 베타 자리에 -OH가 있으니 beta hydroxy acid 즉 BHA라고 부르는 것입니다.

화장품 성분표에 AHA라고 되어 있으면 십중팔구 젖산이고 BHA라고 되어 있으면 거의 무조건 살리실산입니다. 공부 많이 했네요. 머리에 쥐가 나는 분들도 벌써 있겠지요. ☺

살리실산의 -OH 자리에 H 대신 $-COCH_3$를 바꾸어 달면 아스피린이 됩니다. 네, 맞아요. 여러분이 머리가 아플 때 먹는 아스피린. AHA, BHA 배우느라 머리 아픈 분은 아스피린 드세요.

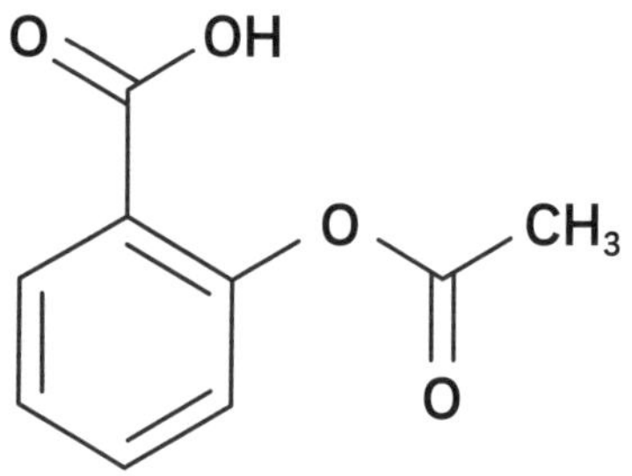

아스피린의 구조

BHA인 살리실산도 산이지요. 피부에 작용하여 박피 작용을 합니다. 각질 부분을 파고들어 쉽게 떨어져 나가게 만들지요. 모공이 막히지 않도록 피부를 벗겨 내니까 세균이 살 수 없게 만들지요. BHA는 여드름이 생기지 않게 하거나 상태를 완화시켜 줍니다. 특히 블랙헤드에 즉효약이지요. 티눈이나 사마귀 같은 것에 발라서 조금씩 피부를 벗겨 내어 제거하여 반들반들한 피부로 만들 수도 있습니다. 낮은 pH, 즉 높은 산성에서는 여드름을 일으키는 나쁜 균이 못 살아요. 피부에 유익한 유산균만 붙어 있게 하니까 일석이조군요.

게으른 자를 위한 화학 TIP

여드름에는 크게 여섯 종류가 있습니다(블랙헤드, 화이트헤드, 구진성 여드름, 결절성 여드름, 농포성 여드름, 낭포성 여드름). 이 중 화이트헤드나 블랙헤드 정도만 BHA로 처리할 수 있으니 화농성 여드름을 치료하기 위해서는 반드시 병원에 가 보세요.

피지와 여드름, 무슨 관계?

얼굴에 넘쳐흐르는 '개기름' 즉 피지는 무엇으로 이루어져 있을까요? 아래에 표시된 바와 같이 정말 기름으로 이루어져 있군요.

중성 지방(triglyceride) + 지방산	~58%
왁스(wax ester)	~26%
스쿠알렌(squalene)	~12%

실은 피지가 우리에게 해 주는 일이 많습니다.

1 기름기는 물과 섞이지 않지요? 피부에 들어 있는 수분을 가두어 두어서 피부가 말라비틀어지지 않게 해 주고 UV나 다른 외부 위험으로부터 피부를 보호

합니다. 또 부드럽고 매끈한 피부를 만들어 줍니다.

2 비타민 E는 항산화 작용을 하여서 피부가 노화되는 것을 막아 주는데 이 화합물은 지용성입니다. 즉 기름에 잘 녹습니다. 피지는 우리 몸에 있는 비타민 E를 녹여서 피부로 전달해 주는 중요한 역할을 합니다.

그런데 너무 많은 피지가 나오면 모공을 막아 버리지요. 그러면 모공 속에 있는 혐기성(산소를 싫어하는) 박테리아들의 잔치가 벌어집니다. 피지를 먹으면서 박테리아가 번성을 하니까 여드름이 생깁니다. 그러니 피지가 너무 많아도 너무 적어도 안 되네요. 너무 적으면 피부 노화가 빨라질 것이고 너무 많으면 여드름이 생기니까요.

게으른 자를 위한 화학 TIP

비타민 E의 다른 이름은 토코페롤이고 항산화 작용을 통하여 피부 노화를 막아 주기 위해서 화장품에 사용하는 성분이지요. 토코페롤을 함유한 다양한 종류의 화장품이 고가에 판매되고 있답니다.

잘 팔리는 모공 클리너의 비밀은?

모공 클리너를 사용하는 방법은 간단하지요. 클리너를 얼굴에서 기름이 특히 많이 나오는 곳에 바르고, 클리너가 기름과 잘 섞이도록 문지르다가 물로 씻어 내면 됩니다.

주목할 부분은 '기름과 잘 섞이도록'과 '물로 씻어 내면'이라는 두 군데입니다. 어떤 성분이 기름과도 잘 섞이고 물에도 녹아야 한다는 뜻이지요. 이런 일을 할 수 있는 물질을 바로 계면 활성제라고 부르지요. 계면 활성제는 주로 탄소와 수소로만 이루어져서 기름과 잘 섞이는 부분과 양이온/음이온 또는 중성이지만 물과 잘 섞이는 부분을 동시에 가지고 있습니다.

클리너를 모공에 대고 열심히 문지르면 계면 활성제의 기름과 섞이는 부분이 '개기름' 속으로 끼어들지요. 이걸 이제 물로 씻어 버리면 마이셀이라는 것이 생기면서 물에 분산되어 떨어져 나오는 것입니다. 비누가 때에 작용하는 방식과 동일합니다. 비누 성분도 계면 활성제이니까요. 잘 팔리는 모공 클리너 중에 하나를 골라 그 성분표를 가져왔습니다.

Ingredients: Water, Propylene Glycol, Sodium Laureth Sulfate, Cocamidopropyl Betaine, Jojoba Esters, Sodium Lauroamphoacetate, Disodium Lauroamphodiacetate, Lauryl Methyl Gluceth-10 Hydroxypropyldimonium Chloride, Sodium Carbomer, Glycol Distearate, PEG-120 Methyl Glucose Dioleate, Laureth-4, Lactic Acid, Fragrance, Tetrasodium EDTA, Polysorbate 20, Methylchloroisothiazolinone, Methylisothiazolinone

Fragrance may contain: Limonene, Linalool, Hexyl Cinnamal, Benzyl Salicylate

이 중 계면 활성제를 좀 찾아볼까요?

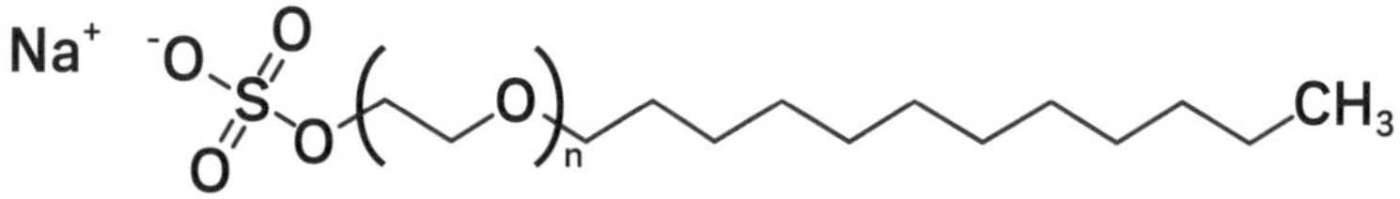

소듐라우레스설페이트(sodium laureth sulfate)의 구조

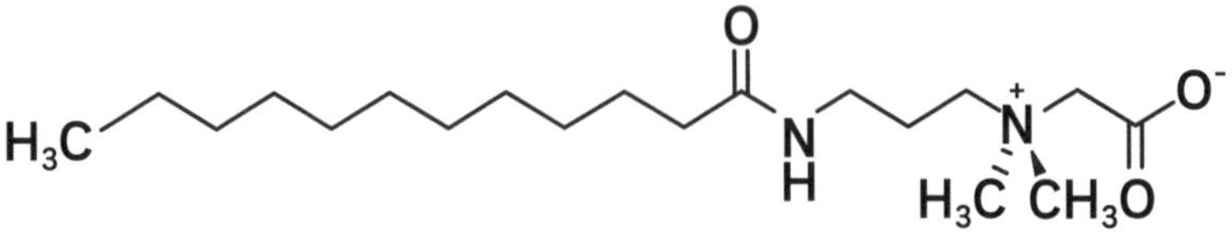

코카마이도프로필베타인(cocamidopropyl betaine)의 구조

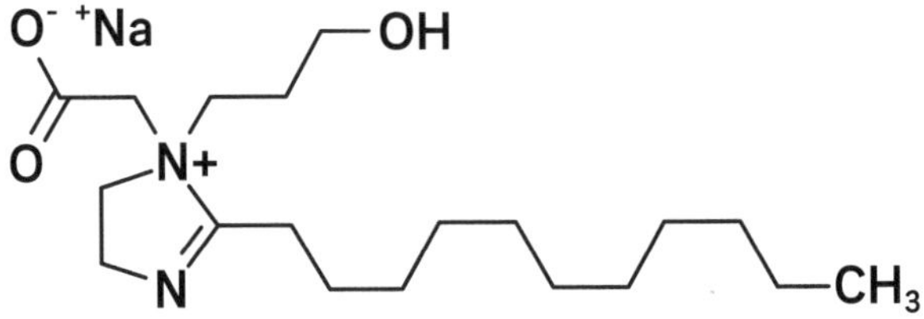

소듐라우로암포아세테이트(sodium lauroamphoacetate)의 구조

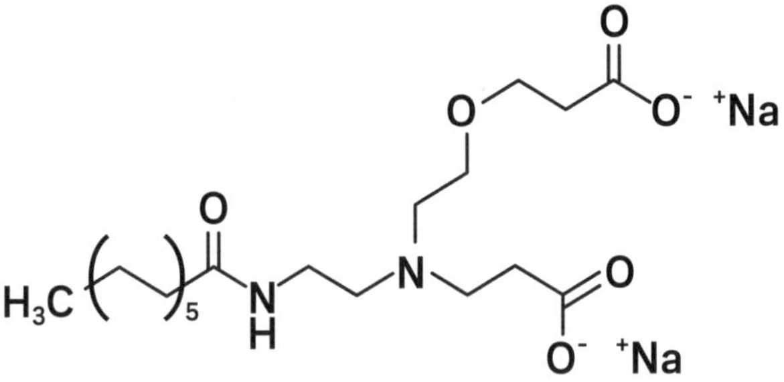

다이소듐라우로암포디아세테이트(disodium lauroamphodiacetate)의 구조

어떤가요? 계면 활성제가 모공 클리너의 많은 부분을 차지하고 있지

라우릴메칠글루세스-10하이드록시프로필디모늄클로라이드
(lauryl methyl gluceth-10 hydroxypropyldimonium chloride)의 구조

요? 이러한 계면 활성제들은 인공적으로 합성된 것이며 모공에 박혀 있는 기름때를 빼내기 위해 많은 연구를 거쳐 조성과 구조가 최적화된 것이지요. 제품마다 계면 활성제의 종류와 양의 차이가 있습니다.

그냥 비누로 다 씻어 낼 수 있으면 좋을 텐데. 그렇지요? 피지와 여드름이 우리의 지갑을 가볍게 만드는군요.

게으른 자를 위한 화학 TIP

왜 이렇게 다양한 종류의 계면 활성제를 사용할까요? 우리 피부는 유산균이 잘 살 수 있는 약산성을 띠는 것이 좋습니다. 그런데 우리가 쓰는 비누는 염기성을 띠고 있어요. 비누만 사용한다면 피부가 약산성을 벗어나게 되어 피부 건강을 잃을 수도 있겠지요? 이런 이유로 피부의 산성도를 최대한 변하게 하지 않고 기름만 제거할 수 있게 모공 클리너의 성분을 구성해야 합니다. 또한 모공에 쏙쏙 잘 들어가서 기름을 제거할 수 있어야 합니다. 너무 딱딱한 비누로는 이러한 것이 불가능하지요. 모공 클리너를 만들기 위해 다양한 종류의 계면 활성제를 섞어서 쓰는 이유가 바로 여기에 있습니다.

피부가 건조하고 가려워서 잠 못 든다면?

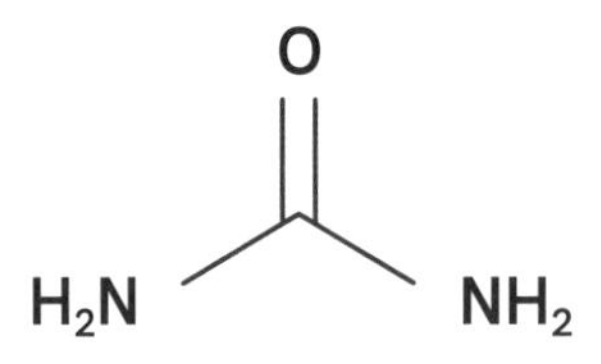

요소의 구조

몸에서 단백질을 분해하다 보면 독성 물질인 암모니아 NH_3가 생깁니다. 이 암모니아를 몸에서 잘 배출하기 위해서 요소(urea, 분자식은 NH_2CONH_2)로 바꾸고 소변으로 배출을 하지요. 사람은 하루에 12~20g 정도의 요소를 소변으로 배출합니다. 이렇게 이야기하니 마치 이 요소가 쓸모없는 것처럼 보이지만 우리 몸에 요소가 없으면 정말 끔찍할 것입니다. 만약 요소가 피부에 없다면 누구든 머리에서는 비듬이 떨어지고 피부는 건조하게 되어서 각질이 우수수 떨어지고 손과 발은 굳은살과 각질로 두껍게 덮일 것입니다. 음~ 발바닥이 염소 발굽처럼 되겠군요. 그리고 또 가려워서 몸을 벅벅 긁고 있겠네요.

요소가 피부에서 어떤 일을 하는지 볼까요?

1 **요소는 물과 아주 친해요.** 그래서 요소는 피부 세포 안에서 물을 잘 잡아 주는 역할을 합니다. 천연 보습제지요. 피부가 지나치게 말라서 건피증, 각질, 아토피 피부염, 건선 등의 문제를 일으키는 것을 방지하지요.

2 **세균과 맞서 싸우는 단백질의 합성을 도와줍니다.** 요소 때문에 우리 피부는 천연 방어막이 되는 것입니다.

3 **요소는 케라틴층을 녹여 낼 수 있어요.** 그러니 케라틴층이 지나치게 두껍게 생기는 것을 막아 줍니다. 케라틴층이 두껍게 생기면 손과 발에 각질도 생기고 못(굳은살)도 박이고 하는 것인데 이걸 막아 주지요.

그러면 요소를 함유하는 로션이나 약이 하는 역할은 무엇일까요?

1 **2~10% 정도의 낮은 농도:** 피부 보습을 도와줍니다.

2 **10~30% 정도의 농도:** 보습도 해 주고 맨 바깥층의 케라틴층을 분해하기도 하고 피부에 바르는 약물이 세포로 잘 전달되도록 도와주지요. 아토피 피부

염, 건선, 굳은살, 각질에 효과가 있습니다.

3 **30~50%의 높은 농도:** 이제 보습 효과보다는 전적으로 치료 목적으로 쓰입니다. 케라틴을 분해하고 약물 전달을 돕습니다. 손이나 발에 생긴 못도 제거해 주고 각질, 비듬 제거 등에 활용됩니다.

평소에 피부가 지나치게 건조해지는 분은 요소의 도움을 받아 보세요. 약국을 들르지 않아도 구할 수 있는 요소 함유 로션들이 있으니 가벼운 피부 건조증의 경우는 요소의 사용을 시도해 볼 만할 것입니다. 심한 경우는 당연히 병원을 가야 하겠지만 말입니다.

게으른 자를 위한 화학 TIP

- 구글 창에 urea containing lotion(요소가 함유된 로션을 뜻해요)이라고 검색해 보세요. 요소가 들어간 로션 종류가 아주 많다는 걸 알 수 있습니다.
- 트럭과 같은 경유 차량은 요소수의 사용이 필수적입니다. 경유 차량에서 배출되는 배기가스에는 호흡기 건강에 치명적인 산화질소 화합물이 있는데 이것이 요소와 반응하면 건강에 아무 문제를 일으키지 않는 질소와 물로 바뀌게 되기 때문이지요.

주근깨, 기미의 원인! 멜라닌을 없애 볼까요?

자외선에 오래 노출이 되면 피부는 새까맣게 변합니다. 자외선은 높은 에너지를 가지고 있어서 우리 세포의 DNA를 파괴하여 피부를 노화시키거나 암을 만들 수 있지요. 그러니 피부는 이 자외선을 막을 수 있는 방어막을 만들려고 하겠지요? 그 방어막이 바로 멜라닌 색소입니다. 멜라닌 색소가 피부로 올라오면 피부가 검게 변하지요. 또한 멜라닌 색소가 한군데 모이면 주근깨나 기미를 만들어 냅니다.

주근깨나 기미가 만들어지지 않게 하려면 멜라닌 색소가 생기지 않게 하면 되겠지요? 멜라닌 색소는 우리 세포에 있는 타이로신(tyrosine)이란 분자를 타이로신 분해 효소가 L-DOPA라는 분자로 만들면 이 L-DOPA가 여럿 모여서 만드는 것입니다.

만약 타이로신에 타이로신 분해 효소가 접근하는 것을 원천적으로 막아 버리면 멜라닌이 생기지 않겠지요?

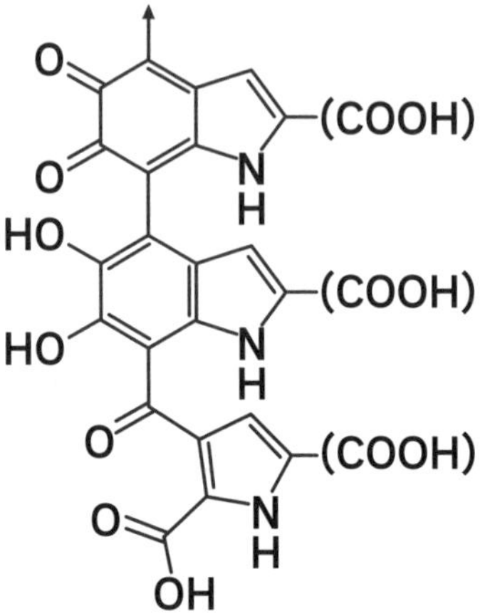

멜라닌 색소(여러 가능한 구조 중 하나)

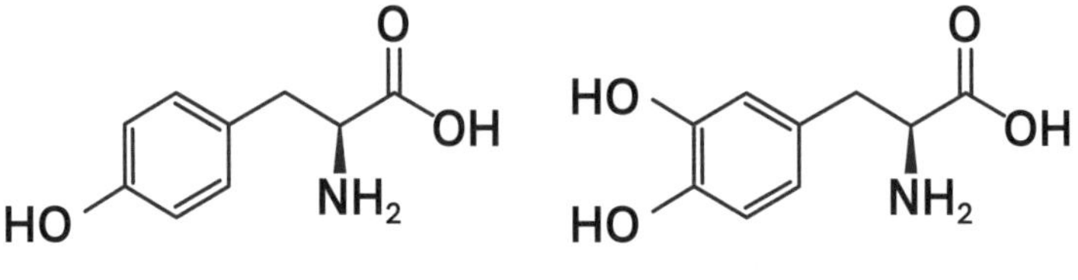

타이로신(왼쪽)과 L-DOPA(오른쪽)의 구조

하이드로퀴논(hydroquinone)이라는 분자가 바로 그 방해꾼입니다. 하이드로퀴논이 타이로신 주변에 얼쩡거리면서 타이로신 분해 효소가 접근하는 것을 막아 버리는 것이지요. 하이드로퀴논이 들어 있는 크림을 꽤 오랜 기간 동안 발라 주면 이미 만들어진 멜라닌은 서서히 사라지고 새로운 멜라닌이 생기지 않으니 피부가 미백이 되는 것입니다.

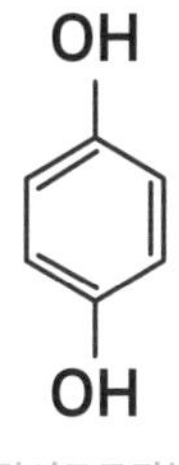

하이드로퀴논

하이드로퀴논 성분에 민감한 분들도 있고 하여 이 성분이 들어간 약품은 꽤 엄격하게 관리가 됩니다. '기미가 올라올 기미가 보이면 OOO 크림'이라는 선전이 나오지요? 그러한 크림에는 하이드로퀴논이 약효를 내는 주성분으로 들어 있답니다.

게으른 자를 위한 화학 TIP

기미, 주근깨가 생겨서 이런 미백 크림을 바르기 전에 강한 자외선 아래로 나갈 때 선블록을 발라 주면 참 좋겠지요? 자외선이 피부에 닿지 못하면 우리 몸이 굳이 멜라닌 색소를 만들 필요가 없거든요. 유전적으로 피부 톤이 밝을수록 더 멜라닌 색소가 적고 따라서 자외선으로부터 스스로를 잘 보호할 수가 없습니다. 그러니 강한 햇빛 아래에 나갈 때는 반드시 선블록을 씁시다. 선블록에 들어 있는 산화타이타늄이나 산화아연 나노입자가 여러분을 자외선으로부터 잘 보호해 줄 것입니다.

보습제는 어떻게 피부를 촉촉하게 할까?

화장품에 들어 있는 성분 중에 글리세롤(glycerol, 글리세린), 소르비톨(sorbitol), 에틸렌글리콜(ethylene glycol), 프로필렌글리콜(propylene glycol) 등을 볼 수 있을 텐데 이 화합물들의 특징은 1. 높은 끓는점(즉 잘 휘발되지 않는 성질을 가짐), 2. -OH가 많이 있다는 것이지요.

이런 화합물에 붙은 -OH는 물 분자 H-O-H와 수소 결합이라는 분자 간의 상호 작용을 강하게 해서 화합물 주변에서 물 분자가 계속 존재하게 만듭니다. 피부에 이런 물질을 발라 놓으면 잘 휘발되지 않고 공기 중에서 물 분자를 끌어당겨서 오니까 피부가 계속 촉촉하게 유지되겠지요?

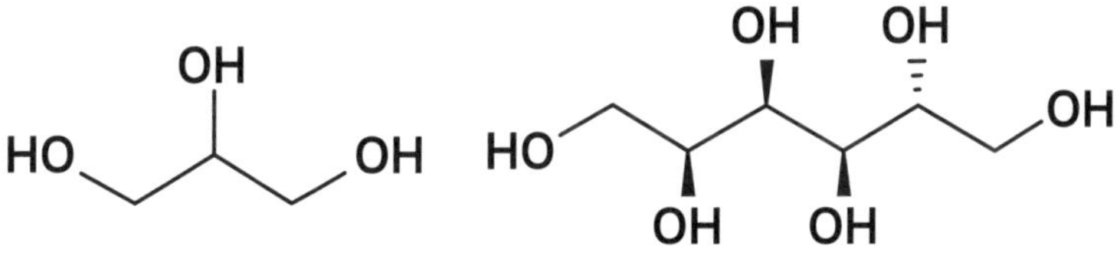

글리세롤(왼쪽)과 소르비톨(오른쪽)의 구조

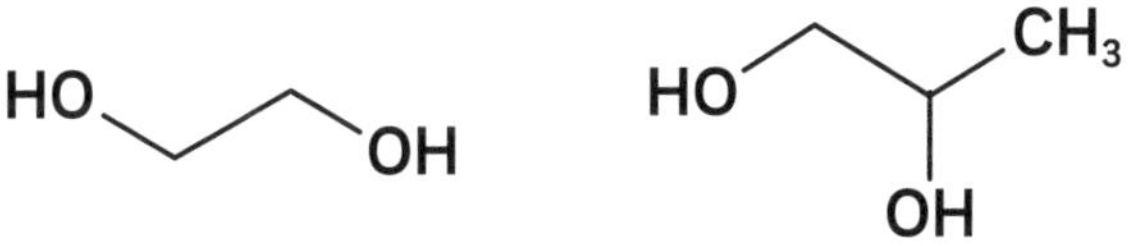

에틸렌글리콜(왼쪽)과 프로필렌글리콜(오른쪽)의 구조

글리세롤은 지방을 수산화나트륨과 반응시키면 비누와 함께 만들어지는 물질인데 위험성은 없습니다. 소르비톨은 딸기 등 베리류, 사과, 살구 등 과일에도 들어 있는 감미료 성분이지요. 달달합니다. 프로필렌글리콜은 인공적인 화합물이나 그다지 위험하지 않습니다. 아이스크림에도 들어 있습니다.

하지만 에틸렌글리콜은 자동차의 부동액으로 쓰이는데 고양이가 먹으면 큰일 나는 물질이지요. 사람도 많이 먹으면 안 되는, 독성이 있는 물질입니다. 그러니 에틸렌글리콜 성분이 보습제로 쓰이는 화장품을 바르고 혀로 핥지는 마세요.

다음은 한 베이비 크림의 성분표인데 동그라미로 표시된 부분을 보면 글리세린(글리세롤), 소르비톨 외에도 잔탄검, 글루코스 등의 보습 능력을 가진 다른 물질도 볼 수 있습니다. 이제 성분표에서 이런 물질들이 보이면 '아~ 이 제품은 이런 물질들 때문에 보습이 가능하구나'라고 할 수 있겠지요?

Ingredients: Aqua/Water/Eau, Glycerin, Petrolatum, Hydrogenated Vegetable Oil, Cyclopentasiloxane, Caprylic/Capric Triglyceride, Sucrose Distearate, Dextrin, Helianthus Annuus (Sunflower) Seed Oil Unsaponifiables, Prunus Domestica Seed Extract, 1,2-Hexanediol, Candelilla Cera (Euphorbia Cerifera (Candelilla) Wax)/Cire De Candelilla, Squalane, Sucrose Stearate, Glyceryl Caprylate, Xanthan Gum, Glucose, Sorbitol, Citric Acid, Persea Gratissima (Avocado) Fruit Extract, Ceramide Np, Phytosphingosine.

게으른 자를 위한 화학 TIP

Q. 영어도 좀 배워 볼까요? moisturizer라는 표현도 쓰고 humectant라고도 부르는 제품의 주된 기능은?

Q. 퀴즈를 하나 내 볼까요? 화장품에 있는 성분에 -OH가 많이 달려 있다면 이 성분의 주된 역할은?

답: 보습

8 정체가 뭘까? 화장품에 많이 쓰는 미네랄 오일과 바셀린 탐구하기

베이비 로션, 콜드크림 등 다양한 화장품들에 성분으로 들어 있는 미네랄 오일은 대체 무엇일까요? '미네랄워터가 물에 이런저런 광물에서 유래한 양이온, 음이온들이 녹아 있는 물을 이야기하니까 양이온, 음이온이 녹은 기름인가?'라고 생각하는 분도 있겠네요. 먼저 이온은 기름에 녹지 않으니 이러한 오일(기름)은 세상에 없습니다.

시커먼 석유(petroleum)를 증류하면 기화가 잘되는 휘발유(또는 가솔린), 그보다는 잘 안되는 비행기 연료 케로신(kerosine), 그다음에 경유, 더 기화가 안되는 중유 이런 것이 나오지요. 증류가 다 되고 남은 시커먼 찌꺼기가 바로 아스팔트입니다.

미네랄 오일은 끓는점이 260~330℃ 정도 되는 탄화수소인데 경유 성분 중 일부라고 생각하면 되겠네요. 그러니까 미네랄 오일은 그냥 석유에서 얻는 기름입니다. 우리가 먹는 기름, 유기산과는 아주 다르지요.

바셀린은 크게 보면 미네랄 오일의 일종입니다. 시판되는 미네랄 오일은 상온에서 액체인데 바셀린은 상온에서는 젤리 형태의 고체로 존재하고 40~70℃ 정도에 녹아 액체가 되지요. 미네랄 오일보다 좀 더 긴 탄소 사슬을 가진, 좀 더 크고 무거운 탄화수소라고 기억을 하면 되겠네요. 분자가 크고 무거우면 움직이기 싫어해요. 사람하고 똑같지요. 그래서 고체가 됩니다.

저는 요새 책상에 너무 오래 앉아 있어서 그런지 성장기도 아닌데 매일매일 크고 무거워지는 중입니다. 이러다 바셀린을 넘어서서 파라핀이 될 것 같군요.

바셀린은 물에 녹지 않고 물을 싫어하지요. 에틸알코올에도 아주 조금만 녹습니다. 화상을 입은 환자의 피부에 발라서 수분이 빠져나가지 않도록 하는 데 쓰일 수 있겠지요? 마찬가지로 입술이 튼다든지 하는 문제를 가진 분들이 자주 사용하는 물질이기도 하지요.

운동선수들도 바셀린을 사용해요. 달리기를 오래 하는 경우 가슴에서 튀어나온 부분이 옷에 쓸려서 아픈 것을 막아 주니까 장거리 달리기 선수의 친구이고, 자전거를 오래 타는 경우 안장에 닿는 부분의 피부에 발라 줄 수도 있고, 꼭 끼는 옷을 입고 경기하는 레슬링 선수의 사타구니에도 바를 수 있어요.

게으른 자를 위한 화학 TIP

- 미네랄 오일이나 바셀린을 얻을 수 있는 원료인 석유(petroleum)는 petro와 leum이 합쳐진 단어지요. 라틴어 petro는 돌입니다. 성경에 베드로(pedro)가 나오는데 petro에서 온 것입니다. 영어 이름의 Peter도 petro 즉, 돌에서 왔지요. leum은 라틴어 oleum에서 왔고요. 기름이라는 뜻입니다. 말 그대로 돌(petro)에서 나오는 기름(leum)이 석유(petroleum)입니다.
- 미네랄 오일을 사용할 때 조심해야 할 것이 몇 가지 있어요. 첫째, 이 물질은 변비 치료제로 쓰입니다. 그러니 의도치 않게 아이나 반려동물이 먹게 되면 심한 설사로 고생을 할 수 있겠지요? 그다음으로 이 물질은 피임 도구의 성분인 라텍스 고무의 구조를 약화시킵니다. 그러니 미네랄 오일을 용도에 맞지 않게 잘못 사용하면 의도치 않게 국가 발전에 이바지하는 애국자가 될 수도 있습니다.
- 바셀린도 베이비오일(미네랄 오일)과 마찬가지로 피임 도구와 절대로 같이 사용하면 안 됩니다. 피임 도구가 찢어지는 경우가 생기거든요. 더 심각한 문제는 여성의 생식기 내에서는 이 물질이 자연적으로 분해하지 않기 때문에 제거하기 어려운 이물질로 작용한다는 것입니다. 때로는 원치 않게 세균 감염이 일어날 수도 있어요. 바셀린, 안전하게 사용합시다.

키스를 부르는 도톰한 입술? 립글로스의 화학

'관능적인 입술', '키스를 부르는 도톰한 입술'을 추구하는 분들은 립 플럼퍼(lip plumper, 입술을 도톰하게 만드는 제품을 말합니다)라는 것을 쓰기도 합니다. 언제 입술이 통통 붓던가요? 매운 음식 먹으면 통통 붓지 않나요? 립 플럼퍼는 입술에 자극을 주어 통통 붓게 만드는 물질들을 가지고 있지요.

시중에 나온 제품들의 성분표를 확인해 봅시다.

Cera Alba (Beeswax), Theobroma Cacao (Cocoa) Seed Butter*, Simmondsia Chinensis (Jojoba) Seed Oil, Argania Spinosa Kernel Oil (Argan Oil), Cocos Nucifera (Coconut) Oil*, Mentha Piperita (Peppermint) Oil, Lanolin, Rosmarinus Officinalis (Rosemary) Leaf Extract, Tocopherol (Vitamin E),

Citrus Aurantium Dulcis (Orange) Peel Oil, Capsaicin

*Ricinus Communis (Castor) Seed Oil, *Cocos Nucifera (Coconut) Oil, *Helianthus Annuus (Sunflower) Seed Oil, *Theobroma Cacao (Cocoa) Seed Butter, *Vitis Vinifera (Grape) Seed Oil, Kaolin, *Butyrospermum Parkii (Shea Butter), *Copernicia Cerifera (Carnauba) Wax, Simmondsia Chinensis (Jojoba) Seed Oil, Tocopherol (Vitamin E), *Citrus Medica Limonum (Lemon) Peel Extract, *Vanilla Planifolia, *Daucus Carota Sativa (Carrot) Root Powder, Origanum Vulgare (Oregano) Leaf Extract, *Cinnamomum Zeylancum (Cinnamon) Bark Extract, *Rosemarinus Officinalis (Rosemary) Leaf Extract, Lavandula Angustifolia (Lavender) Flower Extract, Hydrastis Canadensis (Goldenseal) Extract [+/- May Contain]: Mica (CI 77019), Titanium Dioxide (CI 77891), Iron Oxides (CI 77499, 77491, 77492)

Isododecane, Disteardimonium Hectorite, Cyclopentasiloxane, Trimethylsiloxysilicate, Polybutene, Isononyl Isononanoate, Tribehenin Propylene Carbonate, C18-36 Acid Triglyceride, Isopropyl Myristate, Ethyl Vanillin, Mentha Piperita (Peppermint) Oil, Isopropyl Titanium Triisostearate, Stearalkonium Hectorite, Polyhydroxystearic Acid, Limonene. May Contain [+/- Titanium Dioxide (CI 77891), Iron Oxides (CI 77491, CI

77492, CI 77499), Red 7 Lake (CI 15850), Blue 1 Lake (CI 42090), Red 6 Lake (CI 15850), Red 28 Lake (CI 45410)].

고추에서 추출한 캡사이신, 페퍼민트, 계피 성분이 보이시지요? 이런 성분들이 입술에 자극을 주어 입술이 도톰해지는 것이랍니다. 미를 추구하는 사람들의 노력은 참 대단하군요. 그런데 도톰하긴 한데 참 매운 입술이 될 수도 있겠다는 생각이 드는군요.

게으른 자를 위한 화학 TIP

아이들이 아무 생각 없이 엄마가 쓰는 립 제품을 썼다가 물고기 입처럼 퉁퉁 부을 수도 있어요. 어린아이들의 피부는 얇고 연약하여 어른들보다 피부로 흡수되는 플럼퍼 성분의 양이 훨씬 많을 수 있고 부작용도 심할 수 있으니까 이런 제품은 아이들의 눈에 띄지 않도록 잘 숨겨 두는 게 좋겠지요.

10 큐티클을 올려? 내려? 윤기 나는 머릿결의 비밀

머리카락에는 큐티클층이 있어요. 죽은 세포들이 마치 생선의 비늘과 같은 형태로 머리카락에 코팅이 되어 있습니다. 머리카락을 보호해 주는 보호막이 바로 이 큐티클층입니다. 머리카락을 잡고 뿌리부터 끝까지 손가락으로 훑어 보고 끝에서 뿌리까지 훑어 보세요. 비늘 같은 큐티클이 뿌리 쪽에서 머리카락의 끝 쪽으로 누워 있다는 것을 알 수 있습니다.

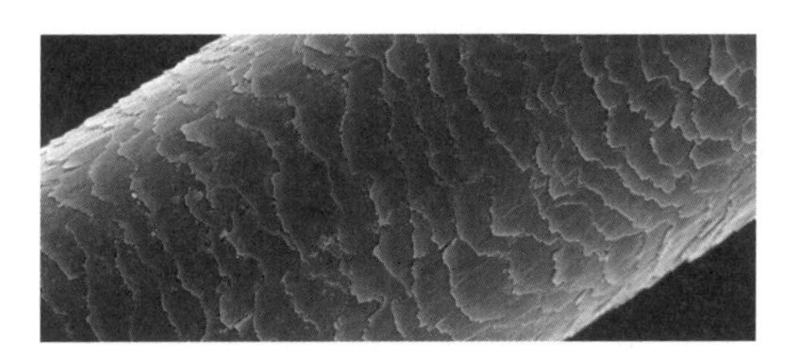

© Lauren Holden (Look and Learn)

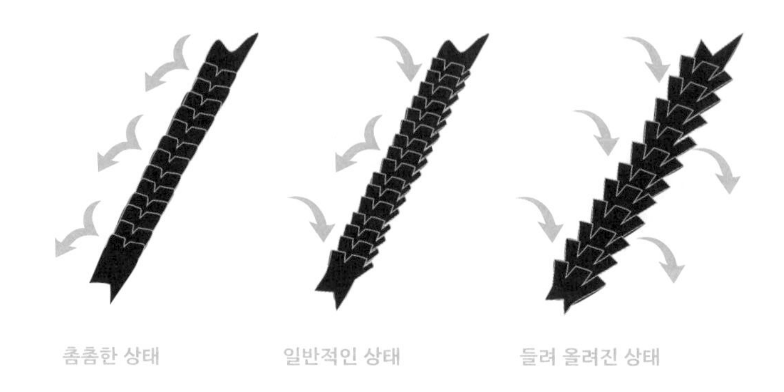

촉촉한 상태　　일반적인 상태　　들려 올려진 상태

생선의 비늘을 벗겨 내면 생선의 살에 상처도 쉽게 나고 세균 감염이 잘되듯이 머리카락의 큐티클층이 망가지면 머리카락이 쉽게 손상되겠지요? 그러니까 큐티클은 서 있지 않고 머리카락을 잘 덮어 주는 것이 좋겠지요. 위 그림에서 맨 왼쪽의 상태입니다.

그러면 언제 큐티클층이 들려 올라갈까요? 물에 적시는 것만으로도 큐티클층은 올라갑니다. 우리가 욕조에 오래 몸을 담그고 있으면 손발의 각질이 퉁퉁 불듯이 큐티클층도 퉁퉁 붇겠지요? 큐티클은 그냥 죽은 세포잖아요. 수영장에서 오래 수영을 하면 큐티클층이 올라가지요. 샴푸를 해도 큐티클층이 올라가게 됩니다. 수영을 할 때만큼은 아니지만요.

큐티클층을 올리게 되면(생선의 비늘을 세운다고 생각해 보세요) 큐티클 사이사이로 물도 들어갈 수 있고 여러 가지 약품도 들어갈 수 있겠지요? 염색이나 펌을 할 때 물에 적시지 않나요? 그때 약품이 큐티클층 사이로 들어가는 겁니다.

큐티클층이 머리카락을 잘 덮고 있으면 빛도 잘 반사되고 머리카락이 윤기가 나지요. 그러니 평소에는 큐티클 비늘들이 서 있지 않고 잘 내려가 있도록 하는 것이 건강하고 아름다운 모발을 유지하는 기본입니다.

게으른 자를 위한 화학 TIP

- 아침에 머리를 감고 나서 큐티클을 세운 채로 바로 출근을 하는 것보다는 바쁘지만 드라이어로 머리카락을 말리는 것이 낫습니다. 그래야 큐티클층이 다시 숨이 죽어서 머리카락 속을 잘 보호해 줄 수 있고 머리카락도 윤기가 납니다.
- 수영을 자주 하시는 분은 큐티클이 들려 올라가서 머리카락이 탈색되고 상하기가 쉽습니다. 이때는 코코넛오일과 같은 것으로 머리카락을 살짝 코팅해 주면 물이 큐티클층에 침투하는 것을 막아 줄 수 있습니다. 큐티클이 물에 덜 불어서 수영장의 소독 성분이 침투하여 일으키는 머리카락 손상을 줄일 수 있습니다.

탈색이 머리카락을 파괴하는 필연적 이유는?

머리카락의 색이 어디에서 나오는지에 대한 그림이 옆에 있습니다. 간단하게 설명하면 머리색은 머리카락의 중심 기둥 부위(cortex)에 멜라닌 색소 덩어리들이 곳곳에 박혀 있기 때문에 생깁니다.

멜라닌 색소 중에 유멜라닌(eumelanin)은 진한 갈색을 가지고 페오멜라닌(phaeomelanin)은 연한 갈색을 가집니다. 이 색소의 양과 비율에 따라 다양한 머리색이 나오는 것이지요.

나이가 들어 멜라닌 색소가 잘 생기지 않아서 머리카락 색이 옅어지는 것은 어쩔 수 없습니다만 은빛이나 잿빛 머리카락을 만들기 위해 탈색을 하는 것은 머리카락 건강에 아주 안 좋을 수밖에 없어요. 왜냐고요?

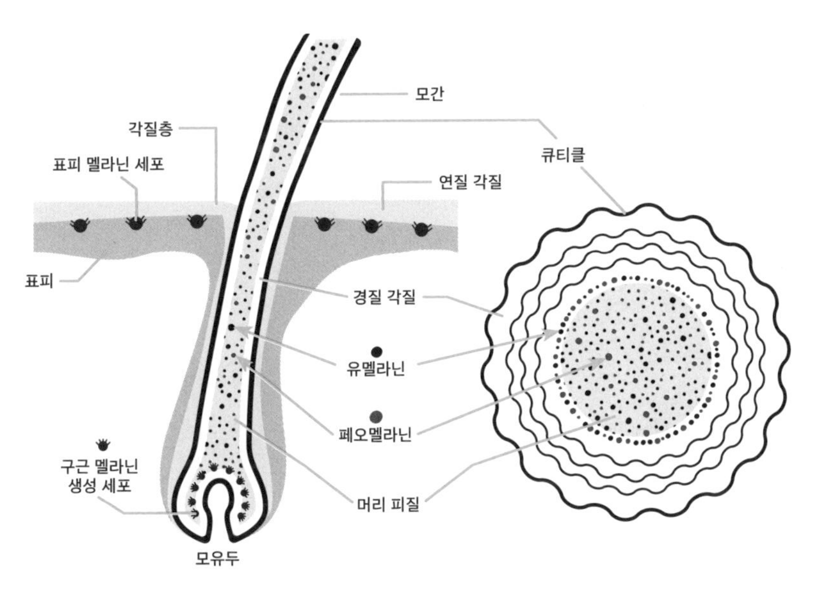

머리카락의 구조 개요

탈색을 하려면 멜라닌 색소를 파괴해야 합니다. 그러려면 먼저 염기성 용액을 이용하여 큐티클층을 들어 올리고 멜라닌 색소까지 탈색을 시키는 화합물을 침투시켜야 하지요. 흔히 쓰는 탈색제는 과산화수소예요. 산소 라디칼을 만드는, 반응성이 아주 큰 화합물이지요. 이 화합물이 멜라닌 색소에 있는 탄소-탄소 이중 결합을 끊어 내는데 멜라닌 색소만 파괴하는 것이 아닙니다. 머리카락을 이루는 케라틴 단백질의 구조도 일부 파괴하기 때문에 머리카락이 손상을 입을 수밖에 없어요.

큐티클층을 잘 들어 올리기 위해서 염기성 용액을 쓴다고 했지요?

염기성 용액에서는 단백질에 있는 아미노산과 아미노산을 연결해 주는 -CONH- 부분도 끊어지지요. 그러니 케라틴 섬유가 잘려 나가게 되어 머리카락이 약해집니다. 또한 탈색 과정에서 머리카락의 보호막인 큐티클층이 떨어져 나가기도 합니다.

탈색 이후에 온갖 처리를 하여 머리카락을 좀 더 건강하게 보이게 하는 과정이 있습니다. 그렇지만 탈색은 머리카락에게 이미 큰 상처를 입혔습니다. 피상적인 처리로는 절대 해결이 불가능한 근본적인 문제를 야기한 것입니다. 탈색을 한 머리카락은 어쩔 수 없이 잘 끊어지고 푸석푸석해집니다. 미관상의 이득과 머리카락의 건강을 바꾸었네요. 세상에 공짜는 없습니다.

게으른 자를 위한 화학 TIP

- 여러 가지 이유로 샴푸를 쓰지 않고 비누로 머리를 감는 분들이 있습니다. 이분들의 머리카락은 윤기가 나지 않고 거칠게 보일 수밖에 없습니다. 비누는 염기성이라서 비누로 머리를 감으면 큐티클층이 모두 들려 버리거든요.
- 한때 탈모를 방지한다는 비누가 판매된 적이 있습니다. 이 비누로 머리를 감으면 머리카락이 굵어져 보이는 효과가 있지요. 큐티클층이 서 있어서 머리카락 자체가 더 굵어져 보이니까 마치 머리카락이 다시 자라난 듯한 착각을 일으키게 하는 제품입니다. 하지만 머리카락이 더 빠져 버리는 부작용이 많이 일어났지요. 우리의 피부는 약산성 상태에 머물러야 건강한데 이 제품은 그 상태에서 벗어나게 하니까 유산균은 못 살고 다른 잡균이 살게 되어 피부 염증이 생길 가능성이 높아지고 이것이 탈모로 이어지게 된 것이지요.

12 염색을 하면 왜 머리카락이 상하는가?

염색 과정에서의 화학은 좀 복잡하긴 하지만 최대한 간단하게 설명할게요. 먼저 염색을 잘하려면 큐티클층을 들어 올려야 합니다. 그러기 위해서는 염기성 조건을 만들어야 하는데 보통 암모니아를 사용합니다.
'순한 염색약'이라는 것은 암모니아 대신에 에탄올아민(ethanolamine)과 같은 화합물을 쓰는 것인데 큐티클층이 충분히 들리지가 않아서 염색을 하고 얼마 지나지 않아 색이 다 빠져 버리는 문제가 있지요.

염색약에는 파라페닐렌디아민(paraphenylenediamine)이라는 화합물을 주로 씁니다. 우리나라 사람들이 즐겨 쓰는 염색약이지요. 이 화합물 자체는 색이 없어요. 하지만 과산화수소를 같이 넣어 주면 산화가 되면서 여러 개의 분자들이 화학적으로 연결되어 진한 밤색이 나타나게 됩니다.

$H_2N-C_6H_4-NH_2$

파라페닐렌디아민

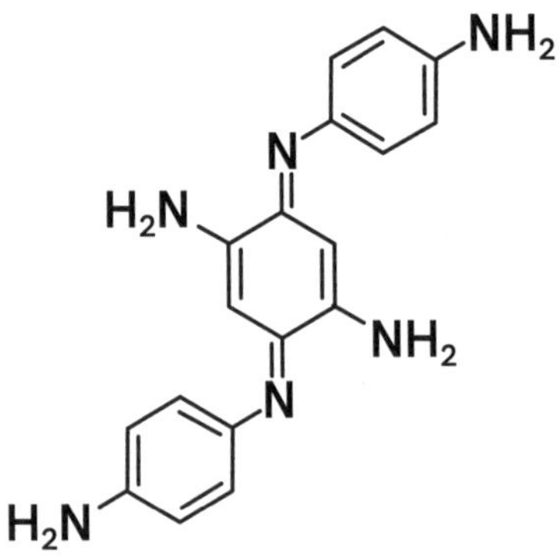

진한 밤색을 나타내는 화학 구조

다른 색깔 염색을 할 때는 이 파라페닐렌디아민이라는 화합물과 결합할 수 있는 짝꿍 화합물을 같이 넣고 거기에 과산화수소를 넣어 줍니다. 그러면 짝을 이루면서 다양한 색깔을 만들어 내지요.

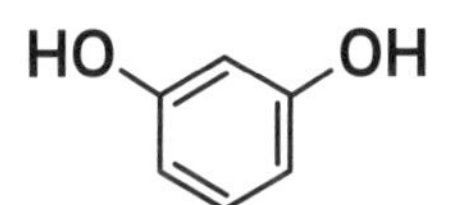

레조르시놀
(resorcinol)
연두색

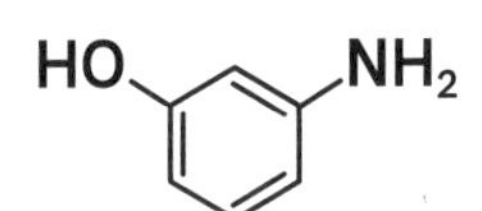

메타아미노페놀
(m-aminophenol)
밝은 갈색

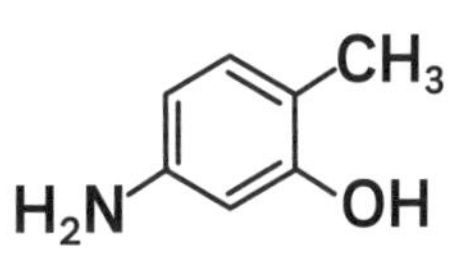

2-메틸-5-아미노페놀
(2-methyl-5-aminophenol)
마젠타

파라페닐렌디아민
(p-phenylenediamine)
어두운 갈색

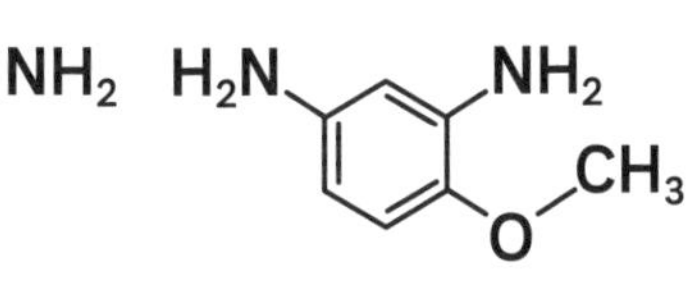

2,4-디아미노아니솔
(2,4-diamonoanisole)
남색

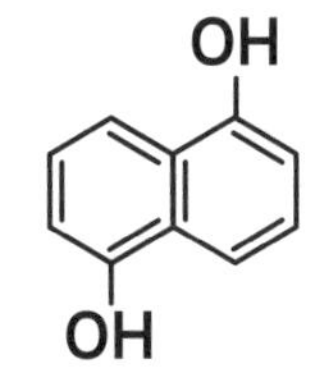

1,5-디히드록실나프탈렌
(1,5-dihydroxynaphthalene)
남보라색

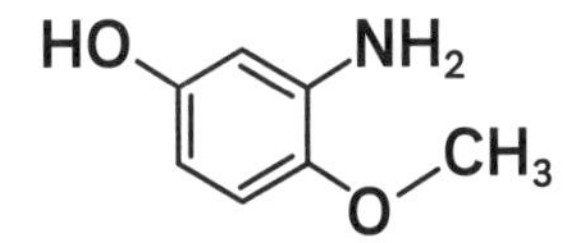

4-메톡시아미노페놀
(4-methoxyaminophenol)
초록색

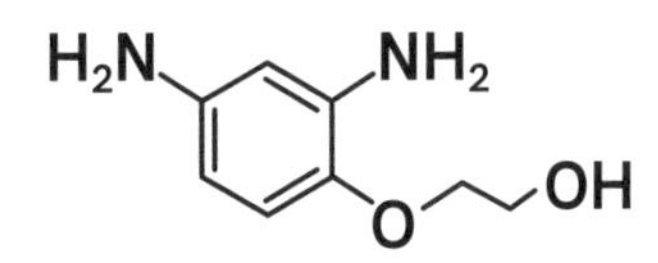

2,4-디아메노펜옥시에탄올
(2,4-diaminophenoxyethanol)
어두운 파란색

메타디에틸아미노페놀
(m-diethylamonophenol)
올리브 갈색

파라아미노오쏘크레졸
(p-amino-o-cresol)
어두운 붉은색

다양한 짝꿍 화합물의 구조

예를 들면 파라페닐렌디아민 화합물과 앞의 그림 안의 짝꿍 화합물이 만나고 거기에 과산화수소가 투입되면 다음 화합물들이 생깁니다. 나타나는 머리카락 색도 표시해 두었습니다.

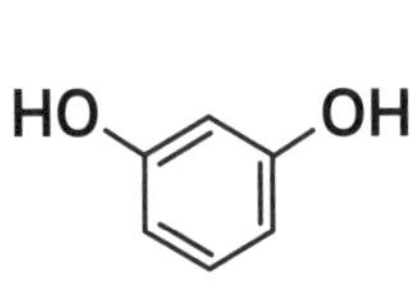

레조르시놀

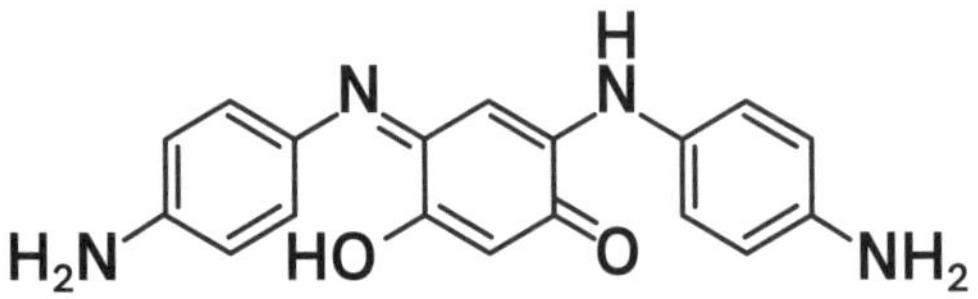

초록 인도염료(연두색)

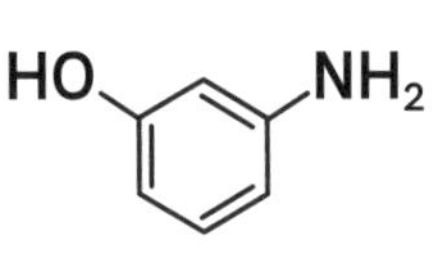

메타아미노페놀

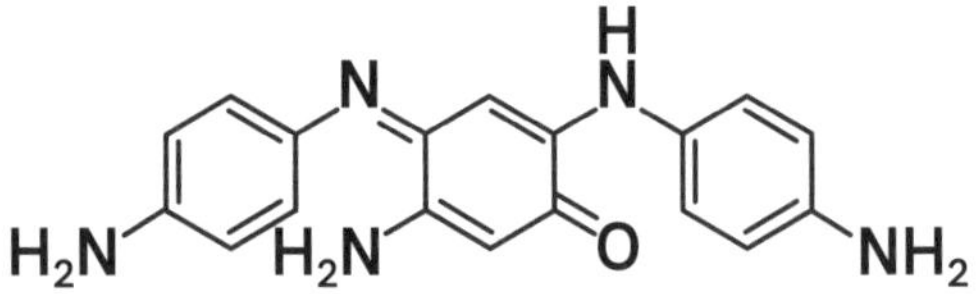

갈색 인도염료(밝은 갈색)

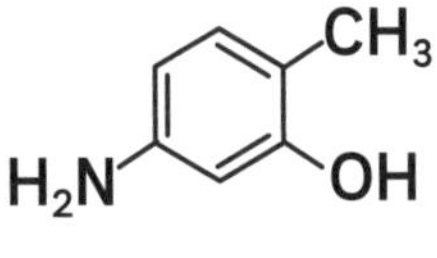

2-메틸-5-아미노페놀

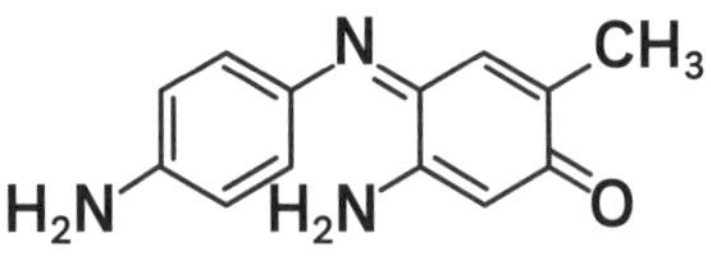

마젠타 인도염료(마젠타)

짝꿍 화합물(왼쪽)과 생성되는 염료의 구조(오른쪽)

염색이 어떤 과정을 통해서 되는지를 이제 아셨지요? 머리카락이 상하는 이유는 암모니아와 같은 큐티클층을 상하게 하는 화합물도 사용하고 케라틴 단백질에 있는 화학 결합을 끊어 버리는 과산화수소와 같은 화합물도 쓰기 때문이지요.

머리카락을 덜 상하게 하려니 염색이 잘 안되고 염색이 잘되게 하려니 머리카락이 상하고. 이래저래 골치가 아프군요.

게으른 자를 위한 화학 TIP

염색 샴푸의 경우 갈변 현상이라는 것을 이용합니다. 사과나 배를 갈아 두고 조금 지나면 갈색으로 변하지요? 사과나 배 속에 들어 있는 페놀(phenol)이라는 화합물이 산화가 되면서 다른 페놀 화합물과 서로 연결되어 폴리페놀(polyphenol)을 만드는데 이 폴리페놀이 띠는 색이 갈색입니다. 머리를 감으면 큐티클층이 들리게 되고 그 속으로 페놀 화합물이 스며들어 서서히 폴리페놀로 변하면서 머리카락이 갈색으로 변하는 것이지요. 하지만 염모제만큼의 강한 염기성 용액을 사용하지 않기 때문에 샴푸만으로는 큐티클층이 완전히 일어서지 않게 됩니다. 그래서 이러한 염색 샴푸가 만드는 폴리페놀은 일부만 큐티클 안에 있고 나머지는 큐티클 바깥에 있기 때문에 샴푸를 할 때 색이 잘 없어져 버리는 단점이 있습니다.

화학적 존재로서의 자각 : 아름다움의 시작

우리가 사는 공간을 깨끗하게 만드는 것은 어쩌면 쉬운 일입니다. 산, 염기, 세제, 표백제만 적절히 사용하면 되니까요. 설령 락스와 같은 강한 화학 약품을 쓴다고 하더라도 욕조 표면이나 타일이 약간 손상을 입고 마니까 안전에 대해 너무 걱정하지 않아도 됩니다. 욕조가 락스를 먹고 사망할 일은 없잖아요.

하지만 몸의 청결은 다른 문제입니다. 무조건 얼굴이고 몸을 세제로 닦아 낸다고 능사가 아니고 여러 가지를 고려해야 하지요. 남들에게 보여주는 피부나 머릿결의 경우 그 구조를 잘 알아야 합니다. 만약 얼굴이나 머리카락의 표면에 있는 기름기를 다 제거해 버리면 피부는 보습이 되지 않고 푸석푸석해지게 마련이지요. 또 알칼리성의 세제로 열심히 얼굴과 몸을 닦아 내면 피부에서 우리와 공생을 하며 건강에 도움을 주는 유산균이 다 떨어져 나가고 유해한 세균이 증식하여 여드름이 폭발하게 만들 수도 있지요.

그러므로 우리 몸의 생리를 잘 이해하는 것은 피부와 모발의 건강 유지에 시작점이 됩니다.

세상에는 수많은 미용 및 개인 청결 제품들이 있어요. 홈쇼핑에서 '마감 임박'을 외칠 때, 광고에 유명 배우가 고혹적인 시선을 보내면서 세럼 앰플을 들 때에도 '그것이 과연 효과가 있을까?'라는 생각을 해 보고 과학적인 기반에서 스스로 판단할 수 있다면 좀 더 건강하고 합리적인 소비 생활도 가능할 것입니다.

이번 장에서는 몇 가지의 미용·청결 제품의 원리만 이야기했지만 우리가 합리적이고 과학적인 사고를 시작하기에는 충분한 예제라고 생각을 합니다. 앞으로도 우리 몸에 대한 화학적인 이해를 기반으로 건강과 아름다움을 계속 유지하실 수 있기를 바랍니다.

4장

가짜 과학은 그만! 안전하게 먹고 사는 건강한 질문

1 벤조피렌이 뭐길래 암을 발생시키나?

2023년 식약처에서 부랴부랴 공지를 하나 했습니다. 스페인산 엔리끄 해바라기씨유(유통 기한이 2025년 8월 27일로 표시된 [500ml] 제품)에서 허용 기준치 이상의 벤조피렌(benzo[a]pyrene)이 검출되어 이 제품을 먹으면 절대 안 된다고요.

이 기사를 읽은 분들의 반응은 두 가지일 것입니다.

1. 엔리끄 해바라기씨유가 우리 집에 있던가?
2. 해바라기씨유 먹으면 안 되겠네.

먼저 2번은 근거 없는 두려움이라는 것을 말씀드립니다. 해바라기씨유는 몸에 좋은 성분이 많은 기름이니 걱정 않고 드셔도 됩니다. 기사에 뜬 제품만 문제입니다.

그러면 벤조피렌이라는 물질은 대체 무엇이고 왜 이 물질이 암을 발생시킬 수 있는지에 대해 알아보아야겠지요? 벤조피렌은 아래와 같이 넓적한 판처럼 생긴 화합물이고 탄소와 수소로만 이루어져 있습니다.

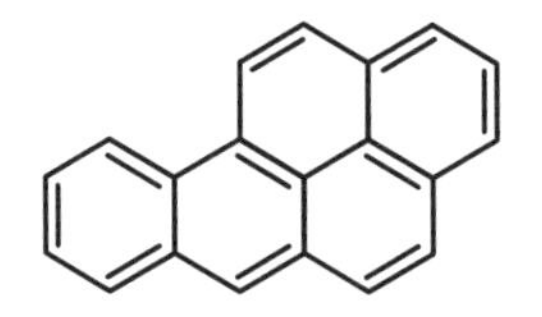

벤조피렌의 구조

벤조피렌은 공장 지대의 오염된 땅과 공기에 포함되어 있을 수 있습니다. 그러면 당연히 그 주변에서 자라는 식물들은 벤조피렌을 흡수하게 되겠지요? 배기가스 때문에 오염이 심한 도심에서 기르는 농산물에도 들어 있을 수 있습니다. 농산물을 기르는 땅과 공기와 물이 깨끗해야 작물도 우리 몸에 좋지 않은 성분을 가지지 않게 되는 것입니다. 당연한 소리지만 원산지가 이래서 중요한 것입니다.

벤조피렌은 음식을 높은 온도에서 태울 때도 생깁니다. 직화 구이로 요리를 한 음식에는 벤조피렌이 좀 포함되어 있다고 봐야 합니다. 하지만 숯불이나 토치로 구운 고기를 너무 자주 먹지만 않으면 될 것이니 크게 염려는 안 해도 됩니다. 제품 생산·가공 과정에서 지나치게 높은 온도로 처리하는 경우 생길 수도 있겠지요. 문제가 된 해바라기씨유도 가공 과정에서 너무 높은 온도로 처리하다가 벤조피렌이 많이 함유되게 되었을 가능성이 있습니다. 고온에서 짜내는 참기름과 들기름에도 벤조피렌이 있을 수 있습니다.

식품 제조업체의 참기름이나 들기름은 수시로 벤조피렌의 함량을 검사하여 품질 관리를 합니다만, 개인이 농사를 지어 방앗간에서 직접 짜내는 참기름과 들기름이 외려 건강에 나쁠 수도 있다는 것을 기억해야겠습니다.

우리 몸의 세포에는 DNA 이중 나선 구조가 있고 이 DNA에 문제가 생기면, 즉 돌연변이가 생기면, 암이 생길 수 있다는 것을 알고 계실 것입니다. 다음 페이지의 그림에서 왼쪽에 표시한 부분이 DNA의 골격 부분입니다. 그리고 그림의 한가운데에 넓적한 판 같은 것이 보이시지요? 넓적한 판 모양의 벤조피렌이 DNA 이중 나선 구조에 끼어들어 가며 돌연변이를 만들어 내는 모습을 보여 주고 있습니다.

원래 DNA는 A, T 그리고 G, C 염기들이 손에 손을 잡고 강하게 결합하여 이중 나선 구조를 만듭니다. 이 이중 나선 구조는 평소에는 튼튼하게 결합하고 있다가 필요할 때만 풀려야 합니다. 그런데 벤조피렌이 끼어들어 이들 사이의 결합을 약하게 만들어 버려서 이중 나선 구조가 무너지게 되지요. 그 결과 벤조피렌이 끼어들어 간 DNA 부분에서 돌연변이가 더 잘 생기게 되고 결국 암이 발생할 확률도 많이 높아지는 것입니다.

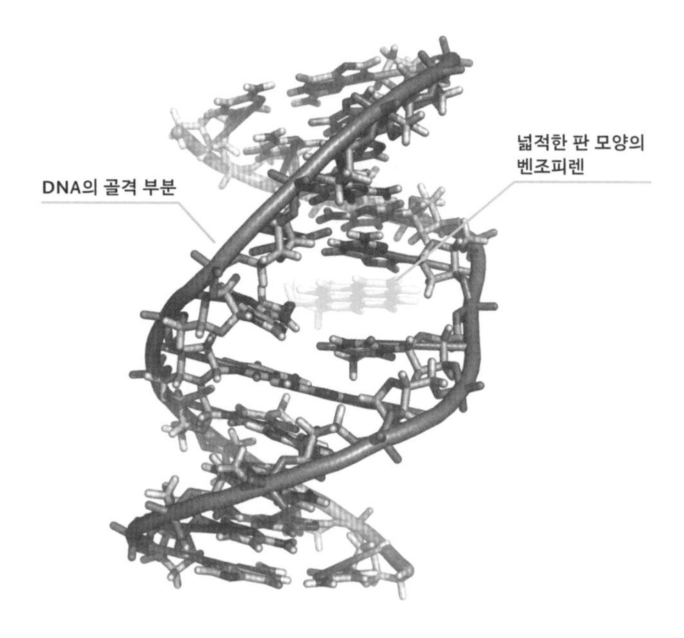

© Zephyris (Wiki Commons)

DNA의 돌연변이와 이로 인한 암의 발생은 오로지 확률 게임입니다. 우리 몸에 유입되는 벤조피렌이 적으면 암에 걸릴 확률이 낮고, 많으면 암에 걸릴 확률이 높아지는 것이지요.

태운 고기라도 먹었으면 모르겠는데 건강에 좋으라고 해바라기씨유를 먹었는데 암에 걸리면 너무 억울하지요? 그러니 '벤조피렌'이라는 단어는 반드시 기억했다가 되도록이면 벤조피렌을 피하는 요리법과 음식 재료를 선택하여 건강한 생활을 하시기 바랍니다.

아참! 벤조피렌은 담배 연기 속에도 있어요. 흡연이 건강에 안 좋은 이유가 하나 더 추가되는군요.

게으른 자를 위한 화학 TIP

벤조피렌 피하는 법

1 공장 지대나 교통량이 많은 곳에 주거하는 경우 공기청정기 자주 사용.

2 주말 농장은 교통량이 많지 않은 곳에서 하기.

3 농산물의 원산지 확인(건강 염려증이 심한 분의 경우는 직거래 시 농지 위치 확인).

4 흡연 금지.

5 숯불 직화 구이, 토치 구이는 가끔씩만.

6 식약처 공지 무시하지 않기.

암을 유발하는 PAH를 피하는 법은?

직전 글에서 벤조피렌에 대하여 이야기를 했는데 벤조피렌은 여러 가지 PAH(polycyclic aromatic hydrocarbons의 약자) 중 하나일 뿐입니다. PAH는 탄소의 육각 고리가 여러 개 보이는 넓적한 화합물들인데 벤조피렌과 마찬가지로 DNA의 이중 사슬 구조에 끼어들어 가서 돌연변이를 유발할 수 있지요.

이걸 일일이 이름을 외우기도 힘드니까 그런 게 있다 정도만 아시고 어떻게 하면 PAH를 피할 수 있을지 그 행동 강령에 대해 알아봅시다.

PAH가 어디에서 생기는지 어떠한 방식으로 우리 몸에 들어가는지를 알면 대처 방법도 나오지요. PAH는 크게 다음과 같은 이유로

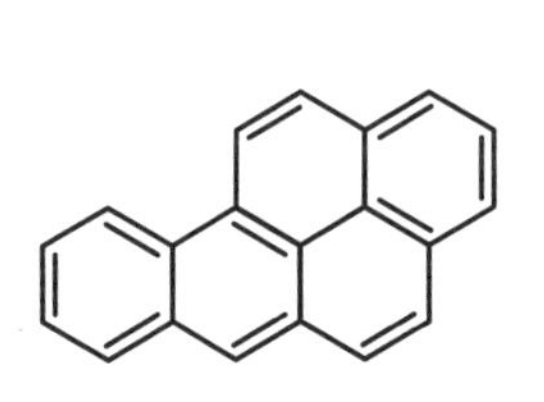

벤조[a]피렌
(benzo[a]pyrene)

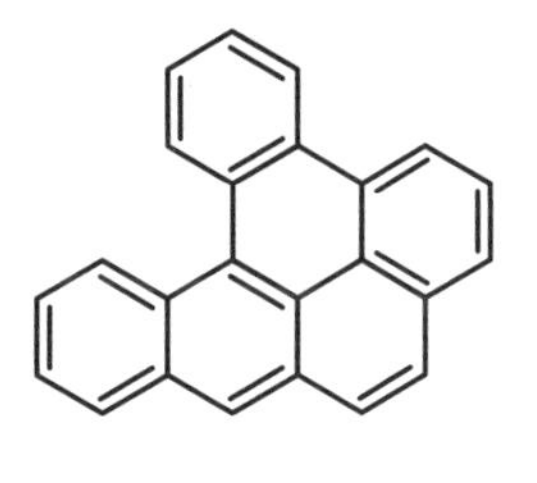

디벤조[a,l]피렌
(dibenzo[a,l]pyrene)

디메틸벤즈[a]안트라센
(7,12-dimethylbenz[a]anthracene)

암을 유발하는 PAH들(이 외에도 다수 있습니다)

생기고, 공기를 들이마시거나 음식물을 섭취할 때 우리 몸속으로 들어가게 됩니다.

1 **석탄, 석유, 나무, 담배 등의 연소에서 발생:** 공장과 자동차 배기가스, 담배 연기에 당연히 많고, 심지어 아스팔트를 처음 깔 때 나오는 증기에도 있습니다. 아~ 너무 당연하여 까먹은 것이 있네요. 미세먼지, 황사에도 있습니다.

이런 PAH를 포함하는 공기를 마시게 되면 우리 몸속으로 PAH가 들어오게 됩니다. 또한 공기 중에 떠다니던 PAH는 먼지 등에 들러붙어 채소의 이파리 등에 쌓여 우리가 부지불식중에 섭취할 수도 있습니다.

2 **고기가 탈 때 발생:** 숯불이나 토치 불꽃에 고기가 직접 닿아 탄 부분이 생기지요.

그러면 이에 대처하는 우리의 자세는 어떠하여야 할까요?

1 **금연하기 및 간접흡연 피하기. 주택가에서 자동차 공회전 금지:** 특히 반지하 창문에 대고 공회전을 하는 것은 정말 지탄받아야 할 행위입니다. 발전 시설이나 자동차 배기가스가 많은 곳에서 작업 시 특수 마스크 착용, 공장 지대 및 도로 주변 주택가는 공기청정기 상시 가동, 미세먼지 및 황사가 심한 날 공기청정기 가동은 필수입니다.

2 **고기가 탄 부분은 잘라서 버리기. 직화 구이나 숯불고기는 너무 자주 먹지 않기:** 연료가 탈 때 생기는 PAH가 날아와서 고기의 표면에 붙어요. 같은 이유로 훈제 고기도 지나치게 자주 섭취하면 안 됩니다.

아마 많은 분들이 그렇게 먹을 고기도 없다고 하실 것입니다. 우리나라는 육류 섭취가 아주 많지는 않으니 대부분의 사람들은 별걱정 안 해도 될 것입니다. 자주 바비큐를 즐기고 태워 먹는 것을 즐긴다면 생각을 다시 하시라는 것이지요. 다음도 꼭 지켜 주세요.

3 **공기 질이 좋지 않은 곳에서 기른 작물은 되도록 피하기:** 텃밭 작물 섭취 시 이파리 표면을 잘 씻어서 PAH가 들러붙은 먼지를 제거합니다.

게으른 자를 위한 화학 TIP

숯불구이, 화로구이 집 등에서 일하시는 분들은 직업의 특성상 PAH에 많이 노출될 수밖에 없습니다. 특히 불을 관리하는 분들은 반드시 마스크를 착용하고 일을 하시기 바랍니다. 고기를 구워 주시는 분들도 마스크를 착용하는 것이 더 좋을 텐데 좀 불편은 하겠습니다. 돈을 버는 것도 좋지만 건강도 꼭 챙기세요.

아이들에게 특히 유해한 다이아세틸을 아세요?

남녀노소를 가리지 않고 전자 담배를 피우고 있는 모습을 자주 봅니다. 학원 옆 골목에 모여 전자 담배 모임을 하는 남녀 중고등학생들, 길거리에 서서 초초한 모습으로 급하게 전자 담배 연기를 들이마시는 2, 30대의 여성, 술자리에서 담배와 전자 담배를 번갈아 가면서 피워 대는 중년의 남성. 2, 30대의 남성들도 전자 담배를 많이 피우겠지만 이들은 담배를 좀 더 많이 피우더군요. 실제 통계는 어떠한지 모르지만 제 눈에는 그렇게 보입니다.

니코틴의 폐해는 익히 잘 아실 테니 이번에는 전자 담배에 향을 가하는 물질에 대해 이야기할게요. 다이아세틸(diacetyl)이란 물질은 고소한 버터 향을 냅니다. 전자레인지에 돌리는 팝콘에도 첨가되고 때로는 맥주에도 첨가됩니다. 빵과 커피에 첨가되기도 합니다. 먹는 것에 첨가된다니 '안 나쁘겠네'라는 생각을 가질 수 있겠지만 그렇지 않답니다.

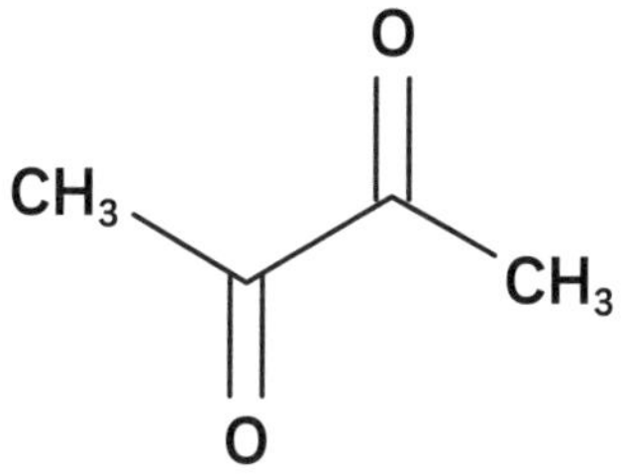

다이아세틸

장사를 하는 사람들의 또는 기업의 가장 큰 목적이 무엇인가요? 사람들이 자신의 제품을 좋아하게 해서 많이 팔고 이익을 거두는 것이지요? 그러니 법의 테두리 안에서 또는 법과 불법의 경계에 서서 이익을 최대한 얻을 수 있는 행위를 서슴지 않고 합니다.

전자 담배에 다이아세틸을 첨가하여 담배를 피우는 행위에 즐거움을 추가하여 우리의 뇌가 속게 만드는 것이지요. 전자 담배를 피우는 행위와 향긋한 냄새라는 보상을 연관시켜 뇌에서 행복과 보상의 호르몬 도파민 분비를 촉진하게 해서 담배를 더 많이 피우게 합니다.

문제는 인위적으로 첨가하는 이 다이아세틸은 실은 폐쇄성 세기관지염을 유발할 수 있는 물질이라는 것입니다. 이 병은 한번 걸리면 영원히 고칠 수 없는 병입니다. 약물을 써서 증상을 완화시킬 수는 있으나 한번 걸리면 평생을 가는 것입니다.

담배든 전자 담배든 니코틴의 중독성에 의해 한번 피우면 끊기가 정말 어렵습니다. 아예 시작을 하지 않는 것이 제일 좋지요. 굳이 몸에 나쁜 것을 '아 괜찮아. 내가 담배 20년을 피워도 암 안 걸렸어' 하면서 피울 필요는 없지요. 전에 이런 분도 보았습니다. '내 사주는 담배를 피워야 잘되는 사주야.' 음~ 본인의 선택이니 알아서 하시겠지요. '그냥 이런 위험이 있다'만 아시면 좋겠습니다.

나이가 든 사람들이야 스스로의 행위에 대해 책임을 지면 되는 것이지만 어린 학생들은 친구 따라 강남을 가다가 평생 폐에 병을 가지고 살 수도 있으니 어린 학생들의 흡연에 대해서는 사회 전체가 좀 더 강경한 자세를 가졌으면 합니다. 이 글로 인해 여러분이 전자 담배에 대해 다시 한번 생각을 하게 되면 좋겠습니다.

게으른 자를 위한 화학 TIP

다이아세틸의 위험은 전자레인지에서 만들어 먹는 팝콘을 생산하는 미국의 공장에 근무하는 다수의 근로자들이 폐쇄성 세기관지염에 걸리게 되어 세상에 알려지게 되었습니다. 팝콘에 첨가하여 고소한 향이 나게 하는 이 물질을 팝콘 공장 직원들은 일하는 도중 자연스럽게 흡입하게 되었고 결과적으로 불치병을 얻게 되었지요. 이 물질을 첨가한 액상형 전자 담배를 피우면 당연히 이 물질을 많이 흡입할 수밖에 없고 기관지 질환이 생길 확률이 높아집니다. 액상형 전자 담배를 피우는 사람은 이 물질의 함유 여부를 반드시 확인해야 합니다. 시작부터 안 하는 게 최선이겠지요.

무서운 지방이 있다? 트랜스 지방!

'트랜스 지방은 몸에 안 좋다'라는 말을 많이 들으셨을 것입니다. 그런데 트랜스 지방이 어디에 있는지 언제 생기는지 알아야 피하든 말든 하겠지요?

트랜스(trans)라는 단어는 '서로 반대쪽의'라는 뜻을 가집니다. 이 말의 반대는 '같은 쪽에 있는'이란 뜻을 가지는 시스(cis)입니다. 지방산 구조를 한번 볼까요? 다음 페이지에 그림이 있습니다. trans와 cis라는 글이 보이지요? 구조를 자세히 보면 작대기가 2개 그어져 있는 부분이 보일 것입니다. 바로 이중 결합인데요. 이 이중 결합의 옆에 있는 지그재그 부분들이 이중 결합의 반대쪽이면 트랜스 trans, 같은 쪽이면 시스 cis가 됩니다. 트랜스 지방은 좀 더 멀리서 보면 일직선 구조로 보일 것이고 시스 지방은 가운데가 꺾인 꺾쇠처럼 보일 것입니다.

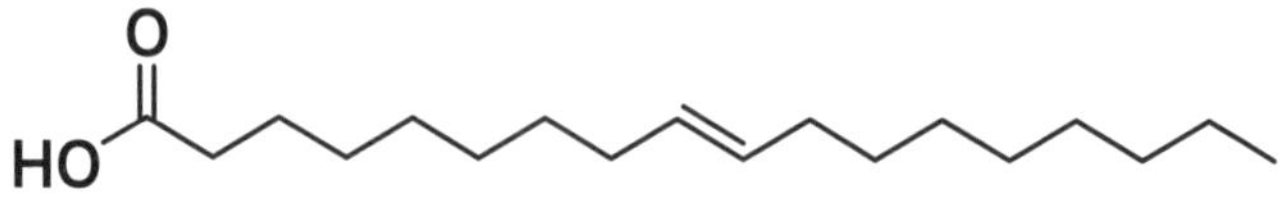

트랜스-올레산
(trans-oleic acid)

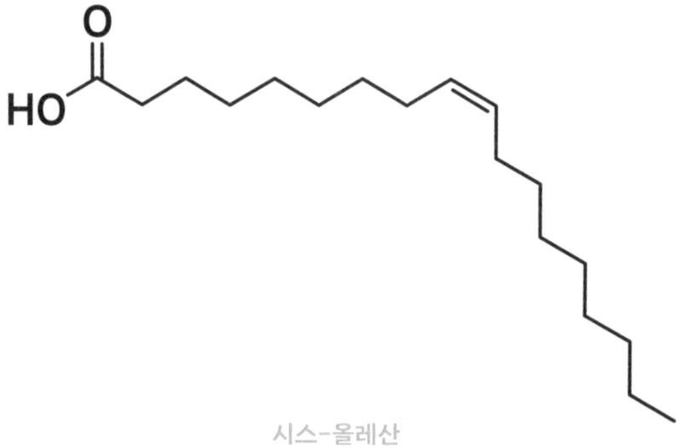

시스-올레산
(cis-oleic acid)

우리가 트랜스 지방을 많이 먹게 되면 몸 안에 염증도 생기고 비만도 심해지고 안 좋은 일들이 많이 생깁니다. 그러면 대체 언제 트랜스 지방산이 생길까요? 올리브기름에 있는 올레산(oleic acid)과 같은 지방산은 시스 구조를 가지고 상온에서 액체 상태에 있습니다. 그런데 이러한 지방산의 이중 결합에 수소 원자를 더 포함시키면 포화 지방산이 생기고 고체로 변합니다. 이걸 우리는 마가린이라고 부릅니다. 포화 지방산을 만드는 과정 중에 꺾여 있는 시스 구조가 트랜스 구조로도 변해요. 이중 결합은 사라지지 않으면서 말입니다. 그러니 마가린은 포화 지방과 트랜스 지방이 같이 있는 무시무시한 녀석입니다.

트랜스 지방도 무섭지만 산패된 지방도 무서워요. 이중 결합에 산소 원자가 추가된 산패된 기름은 몸에 염증을 만들어 내거든요. 전을 부쳐 보거나 튀김 요리를 직접 해 보신 분들은 다 아실 것입니다. 기름을 재사용하여 만드는 튀김은 소위 쩐 내가 납니다. 이런 기름은 산패되어 있을 가능성이 높습니다. 그런 튀김 요리를 파는 곳은 피하시는 것이 좋겠네요. 제조한 지 오래된 참기름과 들기름도 피하셔야 하고요.

게으른 자를 위한 화학 TIP

- 명절에 모여서 많은 양의 전을 부치고 그 남은 전 요리를 나중에 재가열해서 먹고 그러는데 이거 정말 안 했으면 합니다. 트랜스 지방과 산패된 지방을 섭취하기 딱 좋은 방법이거든요. 한 번에 다 먹을 수 있는 만큼만 적당히 만들면 좋겠어요. 즐거워야 하는 명절을 전만 부치다 시간을 다 보내는 것은 너무 아깝잖아요. 즐기기에도 짧은 인생인데 말입니다.
- 과자에 들어 있는 트랜스 지방 함유량을 반드시 표기하게 되어 있습니다. 먹기 전에 꼭 체크해 보시기 바랍니다.

락스 희석액으로 잔류 농약을 없앨 수 있을까?

질문에 대한 답은 간단합니다. 물로 씻는 과정은 과일에 남은 잔류 농약의 약 20% 정도만 제거할 수 있는데 락스는 농약을 씻어 내는 데는 물 정도의 효과밖에 없습니다.

실제로 락스 제품의 용도에도 농약을 제거하기 위한 것이라는 이야기는 없습니다. 락스를 만들어 파는 회사의 홈페이지에도 락스는 농약 제거용이 아니라고 공지가 걸려 있습니다. 락스는 과일이나 채소에 혹시 있을지도 모르는 세균을 죽이는 용도로 써야 합니다.

파키스탄에 있는 과학자들이 수돗물, 소금, 베이킹 소다, 식초, 레몬즙 등 주방에서 쉽게 보는 재료들로 콜리플라워도 씻어 보고 시금치도 씻어 보면서 어떤 용액이 농약을 제일 잘 제거하는지 보았는데

10% 식초가 가장 효과가 좋았다고 합니다. 한편 미국 과학자들의 연구에 따르면 베이킹 소다 용액이 락스보다 농약을 제거하는 데는 우수한 성능을 보인다고 합니다. 그러니 식초 〉 베이킹 소다 〉 락스~물의 순서로 농약 제거 능력을 보이는 것입니다. 그런데 이 중 가장 높은 농약 제거 능력을 보이는 식초조차도 잔류 농약의 10~30% 정도는 완전 제거에 실패하였습니다.

과일이나 채소에 잔류 농약이 있는 채로 유통이 된다면 우리가 참 많은 노력을 해도 농약은 완전히 없어지지 않습니다. 우리가 할 수 있는 것은 세균이나 다른 유해한 물질을 과일, 채소에서 제거하는 정도일 뿐입니다.

그런데 어쩌면 우리는 먹는 것에 너무 호들갑을 떨면서 살고 있는지도 모릅니다. 농약, 세균은 너무 무섭지요. 공포는 돈이 되니 TV 매체 등에서는 그 공포를 과대하게 포장하여 광고를 하고 우리가 세정제를 산다든지 유기농 제품을 고집하게 만들어 주머니를 열 수밖에 없게 합니다.

하지만 농가에서 농약 사용을 법규에 따라 지키고 관계 기관이 관리를 잘 해 준다면 우리의 농약, 세균 공포증도 누그러질 것이고 주머니 사정도 나빠지지 않겠지요. 허용 기준치 아래 숫자의 농약이나 세균은 우리 몸에 들어와도 큰 문제를 안 일으킬 것이니까요. 관계 당국이 정기적으로, 무작위로 농식품의 잔류 농약 검사를 하고 이를 국민들에게 공표한다면 국민들의 농약, 세균 공포증은 많이 누그러질 것입니다.

게으른 자를 위한 화학 TIP

- **미국 식품의약국(FDA)이 권장하는 과일, 채소 씻는 법**

1. 과일, 채소를 씻기 전에 당신의 손을 먼저 비누로 깨끗이 씻어라.
2. 과일, 채소에서 상한 부분이 보이면 잘라서 버려라.
3. 껍질을 벗기기 전에 과일을 씻어라.
4. 흐르는 물에서 과채를 부드럽게 비비면서 씻어라. 세정제를 쓸 필요가 없다. (즉 가정에서 과일, 채소를 씻는 데 락스와 같은 제품을 쓸 필요가 없다는 것입니다.)
5. 과채 전용 솔로 껍질 부분을 긁어내라.
6. 과일, 채소에 묻은 물기를 마른행주나 키친타월로 닦는다.
7. 상추, 배추의 경우 맨 바깥 이파리는 떼어서 버린다.

- 흥미로운 사실 하나는 본문에 언급된 연구를 진행한 미국 과학자 중 한 명은 연구 진행 이후 과일을 전혀 먹지 않았다는 것입니다. 농약 공포증에 사로잡혀 버린 경우로 보입니다.

과일 껍질 안에 박힌 농약, 제거할 수 있을까?

먼저 과일 껍질에 있는 농약은 과일 껍질 표면에 묻어 있는 경우만 제거가 된다는 것을 아셔야 합니다. 과일 껍질의 농약은 식초와 같은 산성 용액이나 베이킹 소다 용액과 같은 염기성 용액 속에서 일부 분해하여 사라질 수 있습니다. 이때 식초는 10% 정도의 농도를 써야 하고 베이킹 소다 또한 진한 용액을 만들어서 써야 하며 20분 정도는 담가 두어야 합니다. 이렇게 하면 잔류 농약 중 최대 70~90% 정도를 제거할 수 있습니다.

농사를 지을 때 권장 농약 사용법을 철저히 따라 하면 과일이나 채소에 잔류 농약이 극히 적게 남을 것이고 이렇게 씻어 내기만 해도 농약 걱정은 크게 안 해도 될 것입니다.

그런데 씻어도 제거되지 않는 나머지 10~30%의 잔류 농약은 어디에 있을까요? 과일의 꼭지 또는 껍질에 스며들어 있을 것입니다. 꼭지를 먹지는 않지만 껍질은 드시는 분도 있으니 각자의 고민이 필요한 부분입니다.

저는 집에서 어떻게 하냐고요? 껍질이 얇은 사과를 그냥 물로 뽀드득 소리 나게 닦고 종이 타월로 쓱쓱 닦은 다음에 와삭~ 하고 먹습니다. 뜬금없이 잔류 농약이 무서워지면 구연산 용액으로 좀 닦고 물로 헹구고 먹을 때도 있습니다. 다행히 아직 농약 중독은 안 되었습니다. 껍질이 너무 두껍고 맛이 없으면 깎아 먹고요. 정말 제멋대로지요? 농약을 닦아 내는 방법을 알려 주고는 정작 자기는 그냥 대충 씻고 먹고 있네요. 제가 우리나라 농업인들을 많이 믿고 있나 봅니다.

그런데 희한하게 자식에게 과일을 먹일 때는 깎아서 주게 되네요. 부모란 참 복잡한 존재입니다.

게으른 자를 위한 화학 TIP

씻기 귀찮다고요? 농약도 무섭고요? 그러면 어쩔 수 없네요. 비타민 좀 포기하고 껍질 깎아 내고 과일을 드세요. 농약을 섭취하지 않는 방법으로는 그게 가장 좋으니까요. 과일의 속살에는 여전히 섬유질도 많이 있고 다양한 항산화 물질이 많이 있습니다. 껍질 좀 날려 버려도 좋은 것이 많이 남아 있습니다.

7 음료수 캔 속에 숨은 환경 호르몬, 알고 있나요?

환경 호르몬으로 잘 알려진 BPA나 프탈레이트(phthalate)가 아이들의 ADHD를 유발할지도 모른다는 결론을 얻은 연구가 있습니다. 그러나 정황상 환경 호르몬 때문에 그런 것 같은데 정말 그렇다고 콕 찍어 이야기할 수 없는 상황이라고 논문에서는 두루뭉술하게 이야기를 합니다. 그렇기는 해도 BPA나 프탈레이트를 몸이 흡수하는 것을 최대한 피하는 것이 좋겠지요?

요즘 시판되는 통조림의 내부 벽에는 플라스틱이 코팅되어 있지요. 다들 잘 아실 것입니다. 금속 성분이 음식물에 들어가지 않도록 막는 역할을 합니다. 이러한 음식 포장용으로 쓰이는 플라스틱에서 녹아나오는 정도의 BPA가 내분비 교란을 한다는 확정적인 증거는 없기 때문에 FDA에서도 사용을 용인하고 있습니다. 하지만 미국 국립환경보건원에서는 의심의 눈초리로 보고 있는 상황인 듯합니다.

그런데 음료수 캔 속에도 플라스틱이 코팅된 것은 아시나요? 알루미늄 성분이 산성 음료에 녹아들어 가는 것을 막기 위한 것입니다. 금속 오염이냐? BPA 오염이냐? 둘 중 하나의 선택입니다.

'응? 이게 무슨 소리야?'라는 반응이 대부분일 것으로 생각합니다만 마트 냉장고에 가득한 알루미늄 캔들은 주로 폴리카보네이트로 코팅이 되어 있지요. 폴리카보네이트를 만들려면 내분비 교란 의심물질의 대표 주자 격인 BPA라는 화합물을 써야 합니다. 폴리카보네이트는 생수통으로도 많이 사용하고 있습니다.

생수통이나 알루미늄 캔에서 녹아 나오는 BPA의 양은 아주 적습니다. 특히 낮은 온도에서는 더욱 그러합니다. 그러나 높은 온도에서는 다른 이야기지요. 만약 콜라 캔 같은 것을 냉장하지 않고 높은 온도에서 오래 두게 되면 아무래도 BPA와 같은 것이 좀 더 많이 녹아 나올 수밖에 없습니다. 또한 오랜 시간 동안 보관을 하게 되면 녹아 나오는 BPA의 양은 점점 많아질 수밖에 없습니다.

탄산음료는 우리 일상에 깊숙이 들어와 있기 때문에 끊기는 정말 힘들지요. 탄산음료를 마시면 설탕(제로콜라의 경우는 아스파탐)과 플라스틱 코팅에서 오는 적은 양이지만 BPA도 같이 먹는 것입니다. 간혹가다 즐기는 정도면 괜찮을 텐데 너무 자주 마시면 문제가 생길 수밖에 없네요. 설탕 때문에 오는 비만과 당뇨, 남성 호르몬 저하인지 BPA의 부작용인지 알 수가 없지만요.

캔 탄산음료를 줄이면 BPA와 설탕의 섭취가 줄어들게 되니 건강에는 무조건 도움이 되겠습니다. 특히 아이들이 탄산음료 마시게 해서 뭐가 좋겠어요? 아이들이 밥 잘 먹고 물 잘 마시면 건강한데 굳이 탄산음료에 든 설탕 먹고 비만이 될 필요 없잖아요.

게으른 자를 위한 화학 TIP

- **환경 호르몬 BPA 피하는 법**

1 통조림이나 캔 음료를 가급적이면 피한다. 신선식품을 구매하거나 유리병에 담긴 제품을 구매한다.

2 통조림이나 음료수의 제조일을 체크하여 너무 오래전에 만들어진 제품은 구매하지 않는다.

3 음료수를 냉장고에 보관한다. 온도가 높은 베란다 같은 곳에 오래 두면 아무래도 녹아 나오는 BPA의 양은 많아질 수밖에 없다.

- 중요한 것은 위험성을 알고 감수를 하든 피하든 하는 것과 전혀 모르고 무방비로 노출되는 것은 다르다는 것입니다. 최소한 알루미늄 캔 속에도 BPA가 흘러나올 수 있는 플라스틱 코팅이 있다는 것을 알고 먹을지 말지 본인의 입장을 정하는 게 좋겠다는 것이 제 생각입니다.

코로 들어오는 향수, 아이에게 안전할까?

프탈레이트라는 이름을 가진 화합물들이 있습니다. 여러 가지 물질들을 서로 잘 섞어 줄 수 있기 때문에 향수를 만드는 데 이런 물질의 사용은 필수적이지요. 프탈레이트는 BPA와 마찬가지로 플라스틱 제품의 형상 제어에도 사용됩니다.

프탈레이트는 환경 호르몬으로 작용하여 정상적인 성의 발달을 저해할 수 있다고 의심이 되는 물질이기 때문에 화장품 산업에서 점차 사라지고 있는 추세입니다만, 네일 폴리시와 향수에서는 아직 꽤 많은 제품에서 발견되고 있습니다. 그중 다음과 같이 생긴 다이에틸프탈레이트(diethylphthalate)는 향수에 아직도 많이 사용되고 있습니다.

'화장품에 쓰이는 프탈레이트가, 특히 다이에틸프탈레이트가 사람

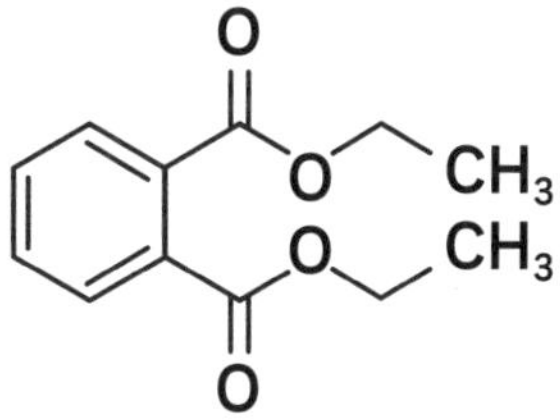

다이에틸프탈레이트의 구조

에게 위해를 끼친다는 확실한 증거는 없다'라는 것이 FDA의 입장입니다. 문제는 이 '사람'이 어른을 대상으로 하는 것이지 아이를 대상으로 하지 않는다는 것입니다.

최근 한 연구에서는 임신을 한 여성들이 프탈레이트에 노출이 된 경우 태반의 유전자가 영향을 받는다는 것을 보여 줍니다(정확히는 DNA의 메틸화[methylation]의 정도가 달라진다는 것).[•] 이러한 DNA의 메틸화 정도가 아이들의 건강에 어떠한 영향을 끼치는지에 대한 연구는 아직 없습니다만, 임신한 여성이 프탈레이트가 포함된 향수를 사용하는 것이 그다지 현명한 행동이 아닐 수 있다는 것은 분명해 보입니다. 또한 수유를 하는 여성이 프탈레이트에 노출이 되면 체내로 들

• N. M. Grindler, L. Vanderlinden, R. Karthikraj, K. Kannan, S. Teal, A. J. Polotsky, T. L. Powell, I. V. Yang & T. Jansson, <Exposure to Phthalate, an Endocrine Disrupting Chemical, Alters the First Trimester Placental Methylome and Transcriptome in Women>, Scientific Reports, 2018.

어온 프탈레이트가 아이에게 전달되고 아이의 체내에서 프탈레이트에 의한 몸의 변화가 생길 수 있겠습니다.

요즘 유치원생, 초등학생밖에 안 되는 어린아이들의 향수 사용이 늘고 있습니다. 아직 사춘기가 오려면 먼, 태아 상태에서 벗어난 지 얼마 되지 않은 어린아이들이 프탈레이트가 1~2% 정도 함유된 향수를 뿌리는 것이 과연 '잘하는 행동'인지 아닌지 부모님들은 많이 고민해 보아야 하겠습니다.

게으른 자를 위한 화학 TIP

프탈레이트가 포함된 향수를 뿌린다고 해서 그 속에 들어 있는 모든 프탈레이트 성분이 몸속으로 스며드는 것은 아닙니다. 하지만 밀폐된 방 안에서 향수를 뿌리고 계속 생활을 하는 아이들도 있습니다. 이런 경우에는 아무래도 호흡을 통하여 프탈레이트를 많이 흡수할 수밖에 없지요. 일단 저는 굳이 어린아이에게 향수를 사 주지 않았으면 하고 만약 아이가 이미 향수 사용을 끊지 못하는 경우에는 방의 환기라도 자주 해 주면 좋겠습니다.

에센셜 오일을 이용한 아로마 테라피•는 테라피(치료)일까?

FDA의 정의에 따르면 '제품의 용도가 몸을 깨끗하게 하고 좋은 향이 나게 하여 좀 더 매력적으로 보이게 한다면' 그 제품은 화장품에 속합니다. 또한 FDA는 특정 물질이 몸에 아주 유해하다는 확실한 증거가 나올 때까지는 화장품을 규제하지 않습니다. 프탈레이트가 내분비 교란 물질로 의심을 받지만 아직도 화장품에 사용되고 있는 이유지요. 우리 몸속으로 많이 들어가게 하는 용도도 아니고 몸 밖을 치장하는 데 사용되니까요. 따라서 화장품에는 우리 몸에 들어가면 위험을 초래한다고 의심이 되는 물질들도 많이 사용됩니다.

제품의 용도가 '병을 낫게 하고 몸의 일부의 형태를 바꾼다든지 하

• therapy는 발음 기호와 외래어 표기법 등을 고려하면 '세러피'로 표기되지만, 이 본문에서는 실생활에서 많이 사용되는 '테라피'로 표기했습니다.

는 것이라면, 즉 치료(therapy)를 하는 목적이라면' 그 제품은 '약'으로 분류가 되며 FDA의 규제를 받습니다. 에센셜 오일을 이용한 아로마 테라피는 FDA의 규정에 따르면 therapy가 아닌 것입니다. 그 어떤 에센셜 오일도 약으로서의 지위를 획득한 것은 없습니다. '한약'도 FDA의 승인을 못 받는 이유가 여기에 있습니다.

약(drug)이 되려면 분명한 하나의 화학식이 있어야 하고 이 화학 구조가 몸에 들어와서 어떤 일을 하는지 그 작동 원리가 명확하여야 하고 치료를 한다는 확실한 증거가 제시되어야 합니다. 아주 힘든 일입니다.

에센셜 오일이나 한약이나 모두 여러 가지 성분의 복합체이고 그 성분을 완벽히 분석할 수도 없습니다. 그리고 그 각각의 성분들이 어떤 역할을 하는지 다 밝혀 내는 것도 어려울 뿐만 아니라 '왜 특정 성분들의 비율이 꼭 필요한지'를 밝히는 것은 불가능에 가깝습니다. 그러한 이유로 아로마 테라피는 영원히 'FDA가 승인하는 therapy'가 될 수 없을 것입니다. '아로마 테라피가 이러한 증상을 낫게 한다'라고 광고한다면 엄밀한 잣대로 보면 과대 과장 광고인 셈이지요.

'쌍화탕을 먹으니까 몸살이 낫더라'처럼 '이 오일을 베개에 묻히니까 마음이 안정되고 잠이 잘 와' 정도가 에센셜 오일에게 기대할 수 있는 전부입니다. 특정 대중 요법을 믿고 안 믿고는, 그리고 하고 안 하고는 본인의 선택입니다. 또한 암과 같이 확실한 원인과 여러 근대적 치료법이 있는 경우에 그러한 것을 도외시하고 대증 요법에 너무 많이 기댄다든지 하는 것은 피해야 할 것입니다.

간혹가다 푹 자고 싶어서 에센셜 오일 한두 방울을 침구에 뿌리고 잠을 청하는 것이 큰 문제가 있겠습니까? 특정 제품이나 치료 요법을 신봉하면서 주의 사항을 제대로 읽어 보지 않고 마음대로(자주 그리고 많이) 사용할 때 문제가 생기지요. 그리고 이러한 것이 남들에게 잘 맞는다고 나에게 100% 맞으라는 법도 없지요. 남들은 맛있다고 먹는 땅콩을 나는 먹으면 죽을 수도 있는 것처럼요. 모든 것을 약간은 의심하면서 거리를 두고 지켜보는 습관을 한번 가져 보시지요.

게으른 자를 위한 화학 TIP

미국 마이애미에 있는 니클라우스 어린이 병원에서는 7년 동안 총 24건의 케이스들에서 사춘기 이전 아이들의 가슴이 너무 일찍 커지는 현상이 발견되었습니다. 이들 모두 공통적으로 라벤더 오일이 들어간 향수, 샴푸, 비누를 자주 사용하였습니다. 흥미롭게도 이러한 제품의 사용을 중지하자 아이들 가슴의 발육이 멈추었습니다.

이 연구 결과가 발표되고 나서 그 내용을 반박하는 논문이 즉각 발표되었습니다. 반박의 내용은 '라벤더 에센셜 오일 때문에 그러한 일이 벌어졌다고 확정적으로 이야기하는 것은 잘못된 것이다'입니다. 에센셜 오일 산업 관련자들이 쌍수를 들고 환영하였지요. 그런데 누가 이 반박 연구를 지원했는지를 보면 아주 흥미롭습니다. 바로 아로마테라피 협회, 티트리 산업 등 이해 당사자들이 연구를 지원하였네요. 연구의 신빙성에 대해 약간의 의심이 가는 것은 어쩔 수가 없습니다.

그러니 우리는 이렇게 하면 될 것 같습니다. 중립적인 학술 연구 기관·단체에서 '어린 아이들에게 라벤더/티트리 에센셜 오일을 마음 놓고 써도 된다'라는 결정을 확실히 내려 줄 때까지는 조심하는 것입니다. 조심하여 손해 볼 일은 없잖아요?

건강하고 행복한 지구 행성 여행

건강 공포증을 불러일으키는 몇 가지 키워드가 있습니다. '암 유발 물질', '독극물', '환경 호르몬' 같은 것이지요. 문제는 우리는 이런 것들이 어디에 얼마나 있는지 잘 모른다는 것입니다. 우리가 먹는 음식에 암 유발 문제가 얼마나 있을지, 이 플라스틱 제품에 어떤 종류의 환경 호르몬이 얼마나 있을지, 과일 껍질에 농약이 얼마나 남아 있을지 눈으로 볼 수도 없고 맛을 볼 수도 없습니다. 우리가 볼 수 없고 인식할 수 없는 것들에 대한 공포가 가장 무서운 것일 때가 많아요. 본 적도 없는 귀신을 우리는 얼마나 무서워하나요?

오랫동안 건강한 상태로 살다가 한 며칠만 시름시름 앓다가 '나 이제 간다' 그러고 떠나는 것이 수많은 사람들의 소망일 것입니다. 그러한 소망을 망치는 것 중의 하나가 바로 암의 발병입니다. 암이 진단되는 순간부터 긴 시간 동안의 고통스러운 치료 과정, 야기되는 경제적인 어려움과 생활 패턴의 급격한 변화, 이로 인한 가정의 불화 등은 너무나 끔찍하지요. 암을 유발할지 모르는 음식이나 물질을 섭취하지 않겠다는 노력으로 인해 너무 스트레스를 받는 것도 현명하지 않은 행동일 것이나, 암을 유발할 수 있는 물질들이나 생활 습관은 되도록이면 피해야겠습니다.

우리의 공포 메뉴에 '환경 호르몬'이 올라왔습니다. 남성의 2세 생산 능력에 직결되는 정자 수의 감소, 우리 몸 안에서 작동하는 호르몬을 흉내 내는 물질들로 인한 다양한 성인병 증상들이 이 환경 호르몬과 연관이 있는 것처럼 보입니다. 수많은 플라스틱 제품에 둘러싸여 살고 있는 우리로서는 '대체 어쩌라는 거야'를 외치고 싶을 만큼 힘든 문제이기도 합니다. 그런데 몇 가지의 수칙만 지켜도 우리 아이들과 식구들이 환경 호르몬에 노출되는 것을 아주 많이 줄일 수도 있습니다.

이번 장에서는 일단 우리가 피할 수 있는 것들은 피하는 방법을 이야기해 보았습니다. 무서운 것들이 들어 있는 물건들이나 음식은 되도록 피하고, 운동을 하고, 친한 사람들과 인생을 즐기면서 몸과 마음의 건강을 추구하는 것이 우리가 할 수 있는 것이지요. 여러분 모두에게 즐겁고 건강하게 오랫동안 지구 행성 여행을 즐길 수 있는 행운이 오기를 간절히 바랍니다.

5장

지긋지긋한 해충에서 해방되는 개운한 질문

1

이불 속 집먼지진드기, 어떻게 없애나?

대부분의 사람들에게 집먼지진드기는 큰 문제가 아닙니다(작은 녀석들은 0.1mm밖에 되지 않아서 맨눈으로는 볼 수가 없습니다). 하지만 어떤 분들에게는 심한 알레르기를 일으키니 이런 분들에게 도움을 좀 드려야겠습니다.

생명체가 살아가려면 세포 속에 있는 효소가 정상적으로 작동해야 합니다. 그런데 이 효소는 다름 아닌 아미노산들이 모여서 만든 펩타이드가 꼬여서 생긴 단백질입니다.

단백질의 구조는 아미노산들 사이에 존재하는 수소 결합 등의 상호 작용에 의해 유지가 가능한데 온도가 높아지면 이러한 상호 작용이 심하게 영향을 받게 되어 단백질 사슬이 풀려 버릴 수 있습니다.

달걀의 투명한 흰자가 삶으면 딱딱한 흰색 덩어리로 변하는 것을 생각하면 됩니다. 온도가 많이 높아지면 효소의 구조가 망가져서 생명체가 살아갈 수가 없습니다(높은 온도에서는 효소뿐만이 아니라 근육의 단백질도 변성이 되고, 세포막의 구조도 흐트러지고 생명체 입장에서는 총체적 난국이 벌어집니다. 글의 쉬운 이해를 위해서 단백질의 변성만 설명하였습니다).

답 나왔지요? 맞아요. 이불을 삶음 빨래를 하면 집먼지진드기를 죽일 수 있습니다. 문제는 이 집먼지진드기는 집 안 곳곳에서 만날 수 있기 때문에 완전히 박멸하는 것은 정말 어렵다는 것이지요. 헤파 필터가 장착된 진공청소기로 집 안 곳곳을 잘 청소하고 이불을 자주 삶음 빨래로 세탁해 보세요. 빨래를 할 때 과탄산 소다를 같이 쓰면 진드기를 죽이는 데 좀 더 효과적입니다. 도움이 되었기를 바랍니다.

게으른 자를 위한 화학 TIP

p.s. 왠지 오늘은 집집마다 이불 삶음 빨래를 할 것 같다는 생각이 드는군요.

p.s. 대부분의 생명체는 삶으면 죽습니다. 세균이든 벌레든 말이지요. 달걀의 흰자는 65°C에서는 구조가 변성이 되어 하얗게 변해 버립니다. 이 정도의 온도에서 오래 두어 살균한 우유가 저온 멸균 우유입니다. 사람도 생명체니까 이 정도의 높은 온도에 살이 노출되지 않도록 해야겠지요? 특히 추운 겨울에 뜨거운 전기장판에 화상을 입는 경우가 종종 있는데 조심해야겠습니다.

2 빈대에 대처하는 개인적인 자세

2023년 겨울 유럽을 괴롭힌 빈대가 우리나라에도 나타났다는 소식으로 떠들썩했습니다. 태어나서 한 번도 본 적이 없는 이 빈대가 우리나라에 다시 나타났다는 소식에 두려움에 떠는 분들이 많으실 것입니다. 저도 몸이 막 가려운 것 같아요.

빈대가 집에 들어오면 안 되는데 어쩌다 몸에 묻어 들어왔다고 칩시다. 인터넷에 빈대에 대한 여러 가지 대책이 나오는데 저라면 어떻게 할지를 말씀드리겠습니다.

지하철과 같은 사람이 부대끼는 곳을 다녀온 경우 현관에서 옷을 그대로 벗어서 조심스럽게 들고 가서 스타일러에 넣겠습니다. 최고로 고온에서 빈대를 털어 내야겠지요. 그동안 저는 샤워를 하겠지요. 만약 빈대가 스타일러의 바닥에 보인다면 비상사태가 발생한 것입니다(빈대는 성체가 4~7mm 정도 되기 때문에 맨눈으로도 볼 수 있습니다. 사과 씨앗 정도의 크기입니다). 옷을 그대로 세탁기에 넣고 돌릴 것입니다. 그리고 뜨거운 스팀다리미로 빈대를 지져서 죽일 것입니다.

출장을 가게 되면 트렁크에서 옷을 꺼내서 걸지 않을 것 같아요. 그리고 트렁크를 잘 닫아 둘 것입니다. 또한 침대 시트가 깨끗한지 좀 자세히 볼 것 같군요. 빈대가 있는 호텔은 장사가 망할 것이니 깨끗하게 관리를 하겠지만 완전히 다 믿지는 못하겠네요. 집에 오는 즉시 물티슈로 트렁크의 표면을 닦아 빈대의 흔적이 있는지를 보고 문제없으면 집 안으로 들일 것이고요.

이런 처치를 했는데도 몸에 붙어 있다면 이놈들은 우리 몸에서 피를 빨아 먹어야 할 것이니 이불에 숨어서 살겠지요. 빈대의 소행으로 피부가 울긋불긋해졌다면 이불을 그대로 삶음 빨래를 할 것입니다. 만약 삶음 빨래를 못 하는 이불 재질이면 스팀다리미로 빈대를 지져서 죽일 것이고요. 도저히 못 빨겠다 싶으면 커다란 비닐봉지에 이불을 넣고 바깥에 '빈대 있음' 하고 써 붙여서 쓰레기로 배출을 해야지요.

또한 진공청소기로 매트리스를 청소하고 스팀다리미로 지져야죠. 가구에 빈대가 붙어 있을 수도 있으니 스팀 청소기로 지져야 합니다.

살충제 성분 중 피레트린(pyrethrin)이라는 성분은 많은 종류의 빈대를 죽일 수는 있으나 이 살충제에 내성을 지닌 빈대들이 있어요. 심지어 악명 높은 살충제 DDT에도 죽지 않는 빈대가 있다고 합니다. 이 경우에 약을 뿌리면 그냥 도망을 쳐서 자리만 옮겨 갑니다. 그러니 지져서 죽이는 것이 가장 확실한 방법입니다.

안 그래도 복잡한 세상, 빈대 때문에 힘들군요. 다들 빈대에서 안전하게 떨어져서 생활하시기 바랍니다.

게으른 자를 위한 화학 TIP

집먼지진드기처럼 빈대도 열로 죽이는 것 이외에는 별다른 대책이 없습니다. 피부가 직접 닿는 이불에 약품을 뿌리는 것도 좋지 않습니다. 이런 물질들이 호흡기로 들어오면 또 다른 문제를 야기할 수 있으니까요. 피를 빨아 먹는 놈이라 우리 주변에 얼쩡거릴 것이니 옷과 이불을 잘 관리하면 큰 문제가 없을 것입니다.

집 안에 출몰하는 개미 박멸법

먼저 작고 귀여운 개미를 죽여야 한다는 것이 슬픕니다. 개미는 청소부로서 환경에 아주 중요한 역할을 합니다. 그래서 이걸 알려 드려야 하나 고민을 좀 했지만 집 밖에서 보는 개미는 괜찮지만 집 안까지 들어오는 애들은 좀 짜증이 나는 것은 사실이라 다음을 알려 드립니다.

개미를 죽이는 수많은 방법이 있지만 먼저 간단하게 해 볼 수 있는 방법을 알려 드릴게요. 먼저 약국에서 붕사(borax, sodium tetraborate)를 삽니다. 아이들이 액체 괴물 슬라임(slime)을 만들 때 사용하는 그 붕사 맞습니다.

그리고 다음과 같이 하세요.

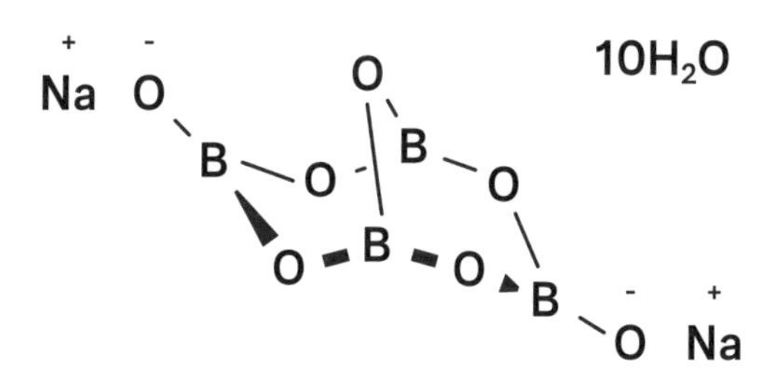

붕사의 구조

1. 물 1컵 정도에 붕사 한두 스푼을 녹입니다.
2. 설탕을 여기에 조금씩 넣으면서 걸쭉한 시럽이 될 때까지 녹입니다. 설탕은 물의 1/3에서 1/2 정도의 부피 정도면 됩니다.
3. 이 설탕+붕사 시럽을 접시에 담아 개미가 출몰하는 길목에 두세요.

개미들이 설탕 시럽을 보고 환호성을 지르면서 친구들을 불러올 것입니다. 개미를 죽이지 말고 그대로 두세요. 얘네들이 설탕 시럽을 머금고 자기 집으로 돌아가야 합니다. 그래야 다른 친구들도 다 설탕물을 먹고 죽게 되거든요. 개미가 더 이상 집에 오지 않을 때까지는 시간이 좀 걸릴 수도 있으니 인내심을 가져야 합니다.

이 설탕+붕사 시럽을 먹은 개미집 안의 개미들은 결국 다 죽게 될 것입니다. 붕사는 사람에게는 별 독성이 없지만 개미가 먹으면 개미의 소화계와 대사 작용이 완전 엉망이 되어 죽게 된다고 하네요. 개미에게는 치명적인 독이 되는 셈입니다.

게으른 자를 위한 화학 TIP

주의: 개와 같은 반려동물이나 어린아이가 붕사가 들어간 설탕물을 먹지 않도록 해야 합니다.

무시무시한 바퀴벌레, OO 섞은 미끼면 해결?

바퀴벌레는 개미보다 더 크고, 빠르고, 더럽고, 무시무시합니다. 바퀴벌레를 때려잡는 것도 힘들고 설령 한 놈을 잡는 데 성공한다고 해도 숨어 있는 수많은 바퀴벌레는 여전히 어둠 속에서 도사리고 있을 것입니다. 그러니 바퀴벌레 가족이 완전히 풍비박산되게 해야 우리의 마음이 편안하겠지요?

바로 직전 글에서 붕사를 이용하여 집 안에 출몰하는 개미를 박멸하는 방법을 이야기했습니다. 붕사는 같은 원리로 바퀴벌레도 죽일 수 있습니다.

이제 붕사를 바퀴벌레에게 먹여야 하는데 그러려면 바퀴벌레가 무엇을 좋아하는지 잘 파악해야겠습니다. 바퀴벌레는 단것을 좋아하고 기름기도 좋아하며 동물성 단백질도 좋아합니다. 흠… 어떤 음식이 이런 조건을 만족할까요? 제 생각에는 치즈에 버터 그리고 삼겹살 기름 같은 것을 이용하면 될 것 같습니다. 그런데 붕사도 먹여야 하는데 그냥 가루를 넣으면 왠지 잘 안 먹을 것 같습니다. 이렇게 해 볼까요?

1 먼저 한두 스푼 정도의 붕사에 물을 조금씩 첨가하면서 최대한 진하게 녹입니다. 이 용액을 식빵 한 장이 흡수하게 만든 다음 식빵을 바싹 말리고 가루를 내어 봅시다.

2 버터와 삼겹살에서 나온 기름을 녹이고, 치즈도 넣어서 녹입니다. (녹은 것을 기준으로) 버터 1스푼, 삼겹살 기름 1스푼, 슬라이스 치즈 1장이면 되겠지요?

3 2번에서 만든 액체에 1번에서 만든 붕사를 머금은 식빵 가루를 뿌리면서 잘 섞어 줍니다.

4 식히면 얻어지는 고체 덩어리를 쌀알 정도의 크기로 빚어 봅니다.

5 이 붕사 먹인 바퀴벌레 처치 약을 이곳저곳 어둡고 침침한 곳에 뿌려서 바퀴벌레들이 와서 먹고 집으로 돌아가기를 기다립니다. 바퀴벌레란 놈들은 동료가 죽으면 그 동료를 뜯어 먹는 놈들이라 결국 모두가 붕사를 먹고 죽게 될 것입니다.

어떻게 하면 바퀴벌레가 더 좋아할 먹이를 만드느냐가 관건이니까 여러분은 상상력을 발휘하여 바퀴벌레 미끼를 만들어 보세요. 선지 같은 것도 좋은 미끼 성분이 될 것 같다는 생각이 드는군요. 물에 붕사를 녹일 때 설탕도 좀 넣어 보고요. 모두 바퀴벌레 박멸에 성공하시기를 바랍니다.

아참, 붕사를 최대한 많이 먹여야 효과가 있겠지요? 붕사는 쥐꼬리만큼 먹이고 다른 음식을 많이 먹이면 바퀴벌레는 엄청나게 창궐할 테니 붕사를 아끼지 마세요.

음식점 주방의 배수구는 바퀴벌레에게는 천국과 같은 곳입니다. 이 배수구에 매일 붕사를 조금씩 녹여서 부어 버리는 것도 나쁘지 않은 선택일 것 같습니다. 하지만 바퀴벌레에게 붕사를 직접 먹이는 것과는 비교할 수 없을 만큼 효과가 미미할 것입니다.

식당 영업이 끝나고 뒷정리를 제대로 하지 않으면 바퀴벌레는 배수구에서 기어 올라와서 파티를 즐길 수도 있으니 뒷정리는 반드시 해야 하고 음식물도 잘 밀봉을 하든지 냉장고에 잘 보관해야겠습니다. 배수구 주변에 붕사 먹인 미끼를 뿌려 두어도 좋고요. 멀리 올 것도 없이 거기서 먹고 집으로 가라는 것이지요.

게으른 자를 위한 화학 TIP

- 붕사와 붕산은 서로 다른 물질입니다. 붕사(borax)는 위(stomach)로 들어가서 붕산(boric acid)으로 변하는데 이 붕산이 개미나 바퀴벌레를 죽이게 됩니다.
- 아이들이 액체 괴물을 만들 때 붕사를 사용하게 하세요. 붕산 아닙니다.

초파리 퇴치? 그건 쉽지요

개미, 바퀴벌레와 마찬가지로 초파리도 붕사를 먹으면 죽습니다. 그러니 초파리에게 어떻게 붕사를 먹일지만 생각하면 됩니다.

언제 초파리를 보게 되나요? 자두나 파인애플 같은 것을 식탁에 두면 어디에서 왔는지도 모르겠는데 초파리가 윙윙 날아다니지 않던가요? 초파리는 잘 익은 과일이나 썩고 있는(또는 발효되고 있는) 음식을 좋아합니다. 그러니 그런 상황을 만들어서 초파리를 유인하면 되겠지요? 다음과 같이 해 봅시다.

1. 2L짜리 페트병을 반으로 잘라서 아랫부분만 남깁니다.
2. 물을 1/4 정도 넣고 붕사 1스푼, 설탕 2스푼, 사과식초 1스푼을 넣고 잘 저어 줍니다. (붕사+파인애플이나 자두즙을 써도 좋겠지요?)

3 키친타월 한 장을 길쭉하게 말아서 한쪽을 액체에 잠기게 합니다. 모세관 현상에 의해 자연스럽게 키친타월 전체가 젖게 되겠지요?

4 이제 초파리가 와서 키친타월에 앉아 붕사액을 빨아 먹기를 기다립니다.

게으른 자를 위한 화학 TIP

- 초파리 말고 파리가 문제인 경우는 식초 대신 파리가 좋아하는 썩은 내를 풍기는 음식으로 유도를 하면 되겠습니다. 어때요? 참 쉽지요?
- 과일의 과육에 있는 초파리 알은 과일이 익으면 금방 부화를 합니다. 이걸 알려 드려야 하나 싶지만 정말 많은 과일들의 표면에 초파리의 알이 숨어 있지요. 모르고 먹으면 단백질이니까 지금 알려 드린 것 즉시 잊어버리시기 바랍니다. Red sun!

좀은 000로 찔러 죽이면 된다?

좀은 옷도 갉아 먹어 버리고 가구도 구멍을 뚫어 버리는 아주 짜증이 나는 해충입니다. 축축한 곳을 좋아하고 섬유질의 먹이를 잘 먹지요. 스파게티나 국수 같은 것이 밀봉되지 않은 채 보관이 되고 있다면 좀은 창궐할 수 있습니다. 특히 집이 습하다면 좀의 천국이 될 수 있겠지요.

대체 이놈들은 어떻게 죽여 볼까요? 이번에는 이놈들의 몸을 찔러 껍질에 구멍을 내어 좀이 말라서 죽게 만들어 봅시다. 한 놈씩 잡아 찌를 수는 없으니 뭔가 다른 방법을 써야겠지요?

간단합니다. 규조토(인터넷 검색창에 규조토 가루라고 치면 됩니다)를 좀 출몰 지역에 뿌려 두는 것입니다. 종이를 접어서 접시 모양으로 만들고 담아 두면 어떨까요? 이산화규소 SiO_2가 성분인 규조토를 현미경으로 보면 끄트머리가 뾰족뾰족 날카롭다는 것을 알 수 있습니다. 좀이 지나가다가 규조토에 찔려 그 껍질에 구멍이 뚫리면 말라서 죽고 말지요.

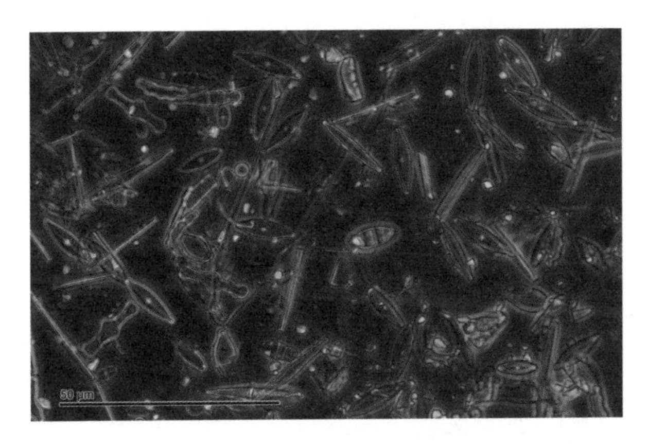

창과 같이 날카로운 끝을 가진 규조토의 입자
© Doc. RNDr. Josef Reischig, CSc. (Wiki Commons)

맨발로 깨진 유리 위를 걸어가는 것을 상상해 보세요. 좀이 규조토 위를 기어가는 것이 그와 같은 상황인 것입니다. 좀뿐만이 아니라 바퀴벌레 출몰 지역에도 뿌려 두면 좋겠지요?

그런데 벌레를 죽이는 규조토는 사람에게도 나쁜 것이 아닌가 하고 걱정하시는 분들도 있을 것입니다. 규조토가 어디에서 왔는지 먼저 좀 알아봅시다. 세상에는 참 다양한 모습의 규조류가 있습니다. 실리카(silica, 이산화규소, SiO_2)를 몸체의 뼈대로 삼는 단세포 생물인 조류(algae)를 일컫는 말인데 영어로는 diatom이라고 부릅니다. 이러한 규조류가 죽고 나면 그 뼈대를 이루던 실리카가 강의 바닥에 가라앉아 퇴적층을 이룰 수 있지요. 이를 규조토(diatomaceous earth 또는 diatomite)라고 합니다. 1800년대에 독일에서 28m의 두께에 이르는 규조토 퇴적층이 발견된 이후로 세계 곳곳에서 규조토층이 발견되기는 했으나 상업용으로 사용할 수 있는 양질의 규조토를 채취할 수 있는 곳은 그리 많지 않답니다. 규조토는 동물의 사료 성분으로 사용하기도 합니다. 코로 그 가루를 흡입하지만 않는다면 사람에게 해를 끼치지는 않을 것입니다.

이제 규조토가 좀 더 친근하게 느껴지지 않나요?

게으른 자를 위한 화학 TIP

곤충의 겉껍질을 보면 반짝반짝 윤이 납니다. 표면에 기름막이 있어서 그런데 이 기름막 때문에 곤충은 몸의 수분을 잃지 않고 삶을 이어 갈 수 있어요. 그러니 곤충 껍질의 기름막을 싹 제거하면 곤충이 말라 죽지 않겠어요? 규조류의 실리카 뼈대는 구멍이 숭숭 뚫린 다공성 물질입니다. 우리가 곤충에게 이 규조토를 뿌리게 되면 규조토의 구멍이 곤충 껍질의 기름을 싹 빨아들일 수 있답니다. 기름막이 사라진 곤충은 말라 죽겠지요? 그러니 **좀, 바퀴벌레, 빈대 등을 규조토가 죽이는 방식은 1. 기름막을 제거하고, 2. 구멍을 뚫어서 수분이 더 빨리 빠지게 하는** 두 가지 공략법의 시너지를 이용하는 것이지요.

마이크 타이슨이 권투 경기에서 상대방을 무력화시키는 방법을 보셨나요? 옆구리를 때려서 간과 비장에 엄청난 충격과 고통을 주어 상대방이 가드를 내리도록 유도하여 턱을 올려 치는 어퍼컷의 2단계 콤비네이션을 사용합니다. 규조토가 곤충을 죽이는 방식과 비슷한 느낌이 나지요?

먼지다듬이의 천적이 국화꽃이라고?

흔히 책벌레라 불리는 먼지다듬이가 개미처럼 단것을 많이 좋아하면 단물로 꼬드겨서 붕사를 먹여 버리면 될 텐데 그렇지가 못해서 문제네요. 어쩔 수 없이 다른 종류의 살충제를 좀 써야겠습니다.

피레트린

제충국이라는 이름을 가지는 국화에는 피레트린이라는 성분이 있는데 이 피레트린은 아주 강력한 살충력을 가지고 있습니다. 벌레의 신경을 마비시켜 죽이는 피레트린을 국화에서 추출하여 스프레이로 파는 제품들이 있는데 이런 것을 이용해서 먼지다듬이에게 뿌려 주세요. 그럼 순식간에 다리를 하늘로 들고 세상을 떠날 것입니다. 국화 추출 피레트린 이외에도 인공적으로 합성한 피레트린 계열의 성분을 포함하는 스프레이 형태의 제품도 있으니 그런 것을 써도 좋겠습니다. 인터넷 검색창에 '피레트린 스프레이'라고 치면 관련 제품을 찾아 볼 수 있을 것입니다.

이러한 살충제 스프레이는 사람에 따라서 부작용이 있을 수 있으니까 피레트린 성분을 사용하고 나서는 환기를 잘 해 주는 것을 잊지 마세요. 모기 살충 스프레이를 사용하고 환기를 해 주는 것을 생각하면 되겠지요? 그리고 중요! 먼지다듬이는 습한 곳을 좋아하니까 집을 건조하게 만들면 문제가 많이 해결될 것입니다.

게으른 자를 위한 화학 TIP

피레트린이 국화에서 추출한 '천연' 성분이라 하여 사람에게 전혀 독성이 없다고 생각하지 마세요. 천연이라는 단어에 너무 현혹되어 '무조건 안전하다'라는 인식을 가지면 안 됩니다. 사용하고 나면 반드시 환기를 잘 해 주셔야 합니다. 복어의 독도 독개구리의 독도 전갈과 방울뱀의 독도 모두 천연이라는 것 잊지 마세요.

신기패, 국화 그리고 머릿니의 상관관계란?

신기패라는 제품은 분필처럼 생겼는데 이것으로 땅에 줄을 그어 두면 벌레가 그 선을 넘지 못하여 많은 분들이 신기하게 생각하지요. 신기패는 분필 성분에 데카메트린(decamethrin)이라는 살충제 성분을 추가하여 만듭니다.

먼지다듬이를 죽이는 살충제 성분 피레트린이 국화에 들어 있다고 했잖아요? 데카메트린은 이 피레트린과 유사성을 가지는 화학 구조의 인공 합성 물질입니다. 국화의 살충 성분을 화학자들이 분석하여 유사한 구조들을 만들어 보고 그중에서 살충력이 강한 화합물을 고른 것이지요. 그러니 신기패의 살충 성분 데카메트린은 국화의 피레트린의 아류인 셈입니다.

애들이 방방(트램펄린)을 뛰고 나면 때로는 머릿니를 옮아옵니다. 피레트린은 머릿니도 죽일 수 있지요. 피레트린의 아류 중에 퍼메트린(permethrin)이란 인공 합성 화합물도 머릿니를 죽일 수 있습니다. 이러한 살충 성분을 포함하는 샴푸를 약국에서 살 수 있습니다.

국화의 살충 성분의 화학 구조를 연구하고 이와 비슷하게 생긴 화학 구조들을 이용하여 벌레들을 죽일 수 있군요. 자연은 참 위대하지 않나요? 인간에게 많은 것을 가르치니까요.

이제 이것을 기억해 봅시다. 신기패는 국화의 살충 성분의 아류 인공 합성 물질을 포함하고 있다. 이 정도만 알아도 당신의 화학 능력은 +9999 됩니다.

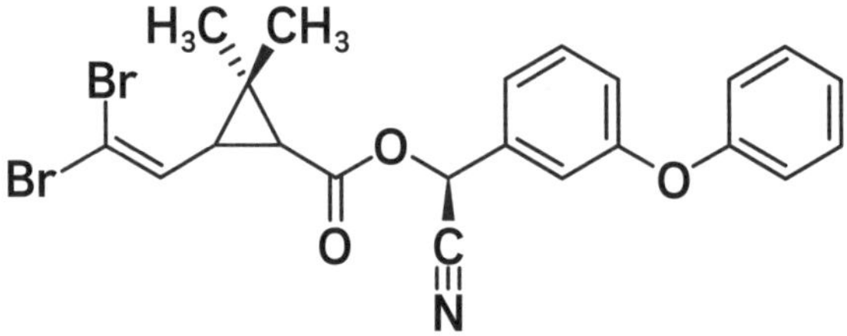

데카메트린(신기패 성분)

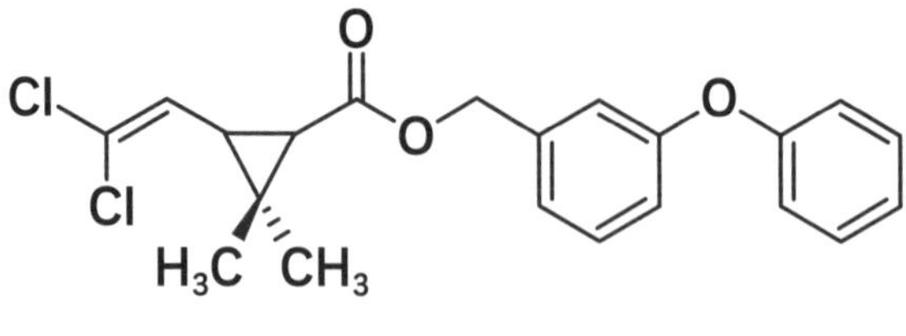

퍼메트린(머릿니 살충제)

피레트린(국화의 살충 성분)

화학 구조들을 보면 삼각형 부분 쪽이 뭔가 비슷해 보이지요? 화합물들은 참 이해하기 쉬워요. 비슷하게 생기면 비슷한 성질을 가질 때가 많습니다.

누군가가 마이크 타이슨과 비슷한 인상을 가지고 있고 덩치도 비슷하면 괜히 시비 걸지 마세요. 얻어맞을 확률이 매우 높습니다. '생긴 대로 논다'라는 말이 그냥 나온 것이 아닙니다. 😄

게으른 자를 위한 화학 TIP

피레트린, 데카메트린, 퍼메트린 모두 곤충의 신경을 마비시켜 죽이는 성분입니다. 이게 사람에게 좋을 리가 있겠습니까? 물론 낮은 농도에서 사용하여 벌레를 죽이는 용도로 잘 활용하면 됩니다만, 반려동물이나 아이가 이러한 성분에 노출되지 않도록 주의해야겠습니다. 어디까지가 위험한지 아닌지 그 한계를 잘 알고 위험물이라도 잘 다룰 수 있다면 우리 삶은 훨씬 더 안전하고 행복할 수 있습니다. 그걸 위해서 지식이 필요한 것이고요.

화단의 골칫덩이 진딧물, OO부터 처치하면 된다?

식물을 진딧물이 먹어 치우면서 꽁무니에 만들어 내는 달달한 물을 개미는 쪽쪽 빨아 먹지요. 진딧물의 천적이 진딧물을 잡아먹으려고 오면 개미들이 달려들어 물어뜯으면서 진딧물을 보호합니다. 서로 공생 관계지요. 이렇게 자기들은 서로 좋은 관계지만 어린 식물이나 꽃나무가 진딧물로 덮여 있는 모습을 보는 농부의 마음은 타들어 갑니다. 살충제 스프레이로 다 죽여 버리고 싶은 마음이 듭니다. 그런데 농사 1년 짓고 말 것인가요? 유기농으로 하기로 했다면 그 마음 끝까지 지켜야지요. 제가 그 마음을 지켜 드리겠습니다.

만약 진딧물을 개미가 보호해 주지 않는다면 어떻게 될까요? 진딧물의 천적인 애벌레나 무당벌레 등이 와서 진딧물을 아주 맛있게 먹어 치울 수 있겠지요? 그러니 진딧물의 해결법은 개미가 굳이 진딧물

한테 가서 꽁무니의 단물을 얻어먹지 않아도 되게 하는 것입니다.

1. 먼저 설탕과 붕사를 이용하여 개미를 유인할 단물을 만드세요. 그 방법은 앞에서 이미 이야기했으니 여기서는 반복하지 않습니다.
2. 그다음 페트병 같은 것에 이 물을 넣고 병을 옆으로 누여 두세요. 땅을 조금 파서 병을 일부만 묻으면 개미가 입구로 더 잘 들어가겠지요? 이 개미 트랩 위에 우산을 씌워 두면 비가 와도 문제없겠지요? 이 붕사 섞인 설탕물을 먹은 개미는 죽고 말 것입니다. 보호받지 못하는 진딧물은 곧 사라지게 됩니다.

개미를 왜 죽여야 하냐고요? 실은 개미들은 진딧물의 유충을 자기들의 굴로 데리고 가서 겨울 동안 보살펴 줍니다. 봄이 되면 다시 자기들이 단물을 빨아 먹고 싶은 나무에 진딧물을 옮겨 놓습니다. 어마어마하게 똑똑한 놈들이지요. 진딧물 노예들이 열심히 일을 하게 하고 자기들은 단물을 빨아 먹지요. 그러니 붕사로 개미 군단을 박멸해 버려야 그다음 해에는 진딧물 걱정을 하지 않아도 되는 것입니다. 진딧물 걱정 없는 농사가 되기를 바랍니다.

게으른 자를 위한 화학 TIP

딱 하나가 걱정이 됩니다. 벌과 나비도 달달한 설탕물을 좋아합니다. 벌과 나비는 꽃의 수분을 도와서 씨앗이 생기게 만드는 아주 좋은 녀석들이니 죽이면 안 됩니다. 그러니 개미만 들어갈 수 있도록 개미 트랩의 입구를 좁게 만드는 것이 필요합니다.

생명과 화학 : 화학의 양면성

우리보다 훨씬 오랫동안 지구에서 살았다고 텃세를 부리는 곤충들. 우리가 사는 어디든 조금의 틈새만 보이면 같이 살자고 그러지요. 우리가 나중에 와서 지구를 점령했고 곤충들의 터전을 빼앗은 것이 사실이기는 하나 도의적인 책임을 지면서 곤충을 우리의 보금자리로 불러오고 싶지는 않습니다. 우리가 먹고 남은 음식을 먹고 살거나 우리의 몸을 뜯어 먹으면서 살아가는 곤충들을 보면서 좋은 마음이 들지는 않는군요.

곤충은 우리와는 아주 큰 차이점이 있어요. 곤충들의 삶의 주기는 우리보다 훨씬 짧지만 어마어마한 후손 생산 능력이 있어서 조금만 방심을 하면 개체 수가 기하급수적으로 늘어납니다. 또한 삶의 주기가 짧고 후손을 생산하는 능력도 크기 때문에 살충제와 같은 것에 내성을 기르는 데도 아주 용이하지요. 사람은 돌연변이가 생기면 암에 걸려 죽고 말지만 곤충은 돌연변이가 생겨도 죽지 않고 약물에 대한 내성만 생겨서 더 잘 사는 경우가 가능합니다.

그러니 곤충을 우리가 사는 터전에 불러오고 싶지 않다면 곤충의 생태에 대해 잘 이해하고 이들을 제거할 수 있는 원천적인 방법을 찾아내야 하겠지요. 어떤 곤충은 붕사로, 어떤 곤충은 피레트린 계열의 약물로, 어떤 곤충은 열로 죽여야 합니다. 그때그때 다르다는 것이지요.

이번 장에서는 우리 주변에서 흔히 보기 싫은, 그러나 볼 수도 있는 곤충의 박멸법에 대해 다루었습니다. 곤충이나 우리나 결국 다 화학적인 존재지요. 생명이 그렇지 않은 것이 뭐가 있겠어요? 곤충의 생명을 끝내는 데도 화학의 역할이 크다는 것을 많이 느끼시리라 봅니다. 곤충의 생명을 끝장내면서 이런 이야기를 하는 것이 상황에 잘 맞지는 않지만, 우리의 생명과 건강도 화학적인 것이라는 것을 느끼고 화학 지식을 더욱 건강한 삶을 영위하는 데 활용하실 수 있기를 바랍니다. 모두 건강하세요.

2부

1% 지식인만 아는 화학 이야기 맛보기

3mins chemis

게으른 자로 살아남기
: 관찰하고 사고하고 실험한다

게으른 자 시리즈를 쓰다 보니 어쩌다 아이셔 선생, 게으른 자들의 왕(줄여서 게왕), 게으른 살림꾼(아내가 붙여 준 이름) 등으로도 불리게 되었네요. 제가 어떤 방식으로 '솔루션'에 도달하는지 그 과정을 살펴봅시다. 와인이나 욕실의 얼룩을 없애는 것에 대해 적어 볼게요.

1단계: **관찰의 조각들을 모읍니다.**

- 탈색을 할 때 **과산화수소**를 사용한다.
- 치아 미백을 할 때 **과산화수소**를 사용한다.

2단계: **사고를 합니다. 이 부분이 바로 화학 지식이 활용되는 부분이지요.**

1 사람은 **멜라닌**이라는 색소 때문에 피부나 머리카락 색이 나온다. 멜라닌은 **페놀/퀴논** 부분을 가질 수 있다.

2 와인의 색소는 **폴리페놀**에서 나온다. 역시 **페놀/퀴논** 부분을 가진다.

3 '과산화수소는 멜라닌을 산화시켜 탈색을 시키니까 폴리페놀도 탈색을 시키겠지?'라는 생각에 도달한다.

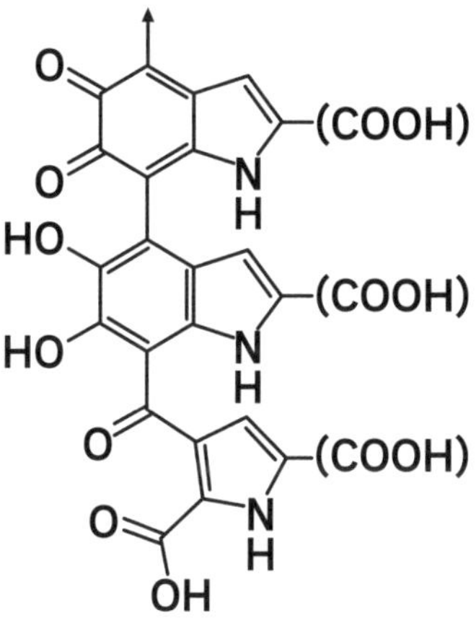

멜라닌의 화학 구조

나이가 들어 구레나룻 부분이 흰색이 반, 검은색이 반이 되었네요. 그래서 그 부분을 염색 샴푸로 해결하면서 살고 있지요. 그런데 이 샴푸는 페놀 화합물이 폴리페놀로 변하면서 색을 나타내는 것입니다. 샴푸하면서 튄 거품은 마르면 갈색이 되어 있고 욕조 가장자리의 물이 고이는 부분을 지저분하게 만듭니다. 이것이 아주 좋은 실험 재료입니다.

3단계: **실험을 합니다.**

1 염색 샴푸의 자국에 과산화수소를 부어 본다. 시간이 지나면 얼룩이 없어지는 것을 보고 앞의 생각이 맞는다는 것을 검증한다. 굳이 와인을 테스트해 볼 필요 없이 과산화수소는 폴리페놀 계열의 색깔이 있는 화합물을 탈색을 시킨다는 결론을 얻는다.

2 염색 샴푸를 두는 자리 주변에 아침마다 과탄산 소다 알갱이를 몇 개 던져둔다. 특히 샴푸 용기 주변에 반드시 뿌린다. 그 주변이 늘 하얗게 유지되는 것을 보고 과탄산 소다 몇 알갱이에서 나오는 과산화수소가 표백제로 충분한 역할을 한다는 것을 알아낸다.

4단계: **'솔루션' 제공!**

1 욕실의 색을 밝게 하고 세균이 못 자라게 하는 '과탄산 소다 알갱이' 솔루션 생성.

2 와인 얼룩 제거 솔루션 생성.

이렇게 길게 쓰니까 시간이 아주 많이 걸릴 것 같지만 대부분은 머릿속에서 일어나는 것이고 실제로 하는 것은 과산화수소 조금 부어 본 것과 과탄산 소다 알갱이 몇 개 던지는 것이 전부입니다. 몸은 아주 게으르게 살고 있지요. 때로는 환기구 거름망 기름을 없애거나 스티커 접착제 자국을 없애거나 하면서 즐거운 실험을 할 때도 있지만 머릿속에 있는 생각을 어떤 형태든 실제로 구현해 보는 것은 참 뿌듯

합니다. 기름이 워싱 소다를 만나서 비누가 되는 것을 직접 눈으로 보면 신기하잖아요. 내 손으로 하는 화학 실험!

여러분도 화학 지식을 조금만 알면 이와 같은 각자의 '솔루션'에 도달할 수 있습니다. 가정에서의 화학이라고 해 봐야 산과 염기의 성질, 표백제의 성질만 알면 끝납니다. 그렇게 어렵지 않아요. 여러분도 할 수 있어요. 다 같이 화학을 배워 봅시다.

게으른 자를 위한 화학 TIP

p.s. 누구나 크고 작은 고민들을 이고 삽니다. 많은 경우 그 고민은 생각을 한다고 해서 해결이 되는 것이 아닙니다. 오로지 시간만이 해결해 주거나 내가 어떤 노력을 해도 해결이 되지 않는 것도 있습니다. 그런 생각들에 사로잡혀 머리가 아주 복잡하고 우울할 때가 있어요. 저도 마찬가지지요. 그럴 때 마음을 비울 무엇인가가 필요하지요. 운동이든 수다든 기름때 제거든. 제가 드리는 솔루션들을 하루에 하나씩 따라 해 보세요. 자신만의 비법을 가미하면 더 재미있지요. 집 안의 어딘가가 깨끗해지면 성취감도 생기고 살림살이라는 화학 문제를 집중해서 해결하다 보면 마음의 큰 짐도 잠깐 잊힐 수 있으니까요.

게으른 자는 청소하기 전에 때의 화학적 조성을 분석한다 (때 공략 편)

청소 시간을 아껴야 게으름을 피울 시간이 나겠지요? 그러니 꾀를 내야 합니다. 때의 화학적 성분을 알면 어떻게 이 때를 공략할 수 있는지 전략을 세울 수 있겠지요?

1 기름때

기름은 유기산이라는 분자로 이루어져 있습니다. 이름에서 보듯이 산이지요? 그러면 염기와 반응을 하면 물과 염이 생기지 않겠어요? 이 염이 바로 우리가 매일 사용하는 비누입니다. 기름때를 염기성이 강한 워싱 소다로 처리가 가능한 이유입니다. 기름의 일부를 아예 비누로 바꾸어 버리니까 기름때가 완벽히 제거됩니다.

물과 세제를 써도 기름을 제거할 수 있어요. 기름을 세제가 둘러싸며 마이셀을 만들어 내거든요. 그런데 기름이 너무 찐득찐득하게 그릇이나 냄비의 표면에 붙어 있다면 세제만 쓰는 것은 그다지 좋은 생각이 아닙니다. 실제로 찌든 기름때를 일반 세제로 청소해 보신 분들은 다 아실 테니 설명은 생략합니다. 모든 것을 머리로만 생각하는 사람들이 있어요. 직접 안 해 보면 모르는 것들이 세상에 참 많아요. 만약 지금까지 기름기가 많은 냄비나 그릇을 설거지해 본 적이 없다면 부엌으로 가서 직접 만져 보며 문제의 심각성을 직접 느껴 보기 바랍니다.

한편 기름은 기름으로 제거가 가능하지요. WD-40 같은 스프레이로 녹이고 닦아 내도 됩니다. 하지만 이 방법은 주방에서 사용하지는 마시고 자전거 체인의 기름이나 자동차 윤활유가 묻은 경우에만 사용하세요.

2 물때

여러 가지 종류의 물때가 있습니다. 세균이나 곰팡이가 증식하여 생긴 얼룩도 있고 샤워실 유리처럼 탄산칼슘과 몸에서 떨어져 나온 찌꺼기들이 뭉쳐서 생긴 때도 있습니다.

세균이나 곰팡이에서 생긴 얼룩은 먼저 강력한 산화력을 이용하여 세균을 죽일 수 있는 과탄산 소다나 락스와 같은 표백제로 처리를 해야겠지요? 그다음 세균이나 곰팡이가 다시는 증식하지 못하도록 환경을 만들어 주어야 합니다. 화장실 바닥에 과탄산 소다 알갱이를 몇 개 던지고 화장실을 건조하게 유지해 주는 것만으로도 화장실 청소의 빈도를 아주 크게 줄일 수 있답니다.

3 샤워실 유리의 때

물리적으로 제거할 수 있지요. 수세미든 연마제든 표면을 열심히 갈아서 없앨 수 있습니다. 치약을 발라서 수세미로 민다면 이것은 물리적인 제거법이 많이 가미된 방법입니다. 치약에는 연마제가 들어 있으니까요.

화학적으로 접근한다면 탄산칼슘을 없애는 과정과 기름때를 없애는 과정을 동시에 또는 순차적으로 할 수 있습니다. 구연산으로 탄산칼슘을 녹여 내고 이 헐거워진 때 덩어리에 염기성 물질인 워싱 소다를 사용하여 제거하는 것입니다.

집집마다 샤워실 유리의 상태는 다릅니다. 저는 유리가 최악으로 지저분한 상황을 상정하고 그것을 청소하는 방법을 제안해 보았습니다.

4 생선구이 기름때

생선의 비린내를 만드는 물질은 크게 두 가지입니다. 염기성 물질이 있고 오메가 3와 같은 유기산도 있어요. 그러니 구연산과 같은 물질로 한 번, 베이킹 소다와 같은 염기성 물질로 한 번 처리를 해 주면 생선을 구울 때 주변에 기름이 튀어서 생기는 문제를 많이 해결할 수 있겠지요? 염기성 물질로는 베이킹 소다 대신 워싱 소다도 사용할 수 있겠지요.

'대상을 파악하고 대상의 약점을 공략하는 최적의 전략을 수립한다'가 제가 청소를 대하는 마음 자세입니다. 게으른 자들도 때의 화학적 조성을 파악하고 이를 공략할 화학적, 물리적 전략을 수립하면 좋겠네요. 이를 위해 기본적인 화학 지식을 가지는 것은 참 중요한 일입니다. 그렇지 않나요?

게으른 자를 위한 화학 TIP

집에서 뒹굴며 청소를 방해하는 스컹크 무리의 처리 방법

아주 복잡한 화합물이며 움직일 수도 냄새를 풍길 수도 있습니다. 굶기면 포악해지기도 합니다. 그러나 강자에게는 약한 모습을 보이는 존재니까 당신이 더 강해지면 원하는 위치로 이동하기도 하고 원하는 행동을 하기도 합니다. 대부분의 경우 차가운 물 스프레이나 청소기 소음으로 쉽게 위치 이동을 시킬 수 있으니 기억했다가 활용하시기 바랍니다. 😄

게으른 자에게 세상에서 가장 중요한 공식

열역학에는 $\Delta G = \Delta H - T\Delta S$라는 공식이 있습니다. 이 공식을 사용하면 어떠한 화학이나 물리 현상이 일어날 수 있는지 없는지에 대해 판단을 내릴 수 있습니다. 조금 어려울 수 있지만 한번 배워 보도록 합시다.

이것만 일단 기억합시다. 'ΔG가 0보다 작으면 어떤 일이 일어날 수 있다. ΔG가 0보다 크면 절대로 일어나지 않는다.'

ΔH는 우리 인생에서 일어나는 일들 중에서는 이런 것입니다. 마구 무엇을 먹으면 열량이 몸에 가득 차지요? 그러면 몸의 ΔH는 양수가 됩니다. 운동을 열심히 하여 진이 빠지면 몸의 ΔH는 음수가 됩니다.

Δ	수학에서 '최종 값에서 처음 값을 뺀다는 기호'입니다. Δ는 델타라고 읽습니다.
ΔG	'반응 후 자유 에너지 - 반응 전 자유 에너지'. 즉 '자유 에너지의 변화'입니다. 자유 에너지 G는 어떤 시스템(예를 들어 사람도 시스템입니다)에서 편하게 빼내어서 주변에 일을 할 수 있는 에너지라고 생각하면 됩니다. 어떤 현상이 자발적으로 또는 저절로 일어나기 위해서는 자유 에너지의 변화가 음수(-)의 값을 가져야 합니다. 즉 반응은 자유 에너지가 감소하는 쪽으로 자발적으로 일어납니다.
ΔH	'반응 후 엔탈피 - 반응 전 엔탈피'. 즉 '엔탈피의 변화'입니다. 엔탈피는 열이라고 생각하면 됩니다. 사람이 밥을 먹으면 열량이 몸으로 들어오지요? 몸의 엔탈피가 증가하게 되는 것이지요. 엔탈피의 변화는 열이 들어오면 양수(+), 열이 빠져나가면 음수(-)입니다. 반응에서 열이 빠져나가면 이를 '발열 반응'이라고 합니다. 열을 흡수하는 반응은 '흡열 반응'이라고 합니다. 에너지를 많이 써서 집을 청소하면 몸에서 열이 빠져나가니 ΔH는 큰 음수가 됩니다.
T	'절대 온도'. 섭씨 온도 +273.15를 절대 온도라고 하는데 이 값은 무조건 양수입니다.
ΔS	'반응 후 엔트로피 - 반응 전 엔트로피'. 즉 '엔트로피의 변화'입니다. 엔트로피는 무질서한 정도를 뜻합니다. 반응이 진행하여 더 무질서해지면 엔트로피의 변화는 양수(+), 더 깔끔하고 질서 정연해지면 엔트로피의 변화는 음수(-)입니다.

ΔS는 무질서도의 변화입니다. 깨끗한 집이 더러워지면 더 무질서해지는 것입니다. 그러면 ΔS는 양수. 더러운 집이 깨끗해지면 ΔS는 음수.

ΔH가 음수, ΔS가 양수면 언제나 ΔG가 음수가 되지요. T는 언제나 양수입니다. 그러니 $-T\Delta S$는 ΔS 부호의 반대가 됩니다. 만약 어떤 현상에서 ΔH가 음수, ΔS가 양수면 ΔG는 언제나 음수가 되므로 그 현상은 자발적으로 일어납니다.

$$\Delta G = \Delta H - T\Delta S$$

음수　음수　음수

왜 집은 늘 더러워지나요? 사람은 천성적으로 에너지를 쓰는 것을 싫어합니다. 거의 아무것도 안 하니까 ΔH가 0에 가깝습니다. 그런데 우리가 무엇을 하든 집의 천장에서 먼지가 떨어지든 어떤 물건이 떨어지든 하면서 무질서함이 증가하니까 ΔS는 양수가 되기 십상이지요. 그러면 결과적으로 ΔG는 음수가 되고 맙니다. 즉 집이 더러워지는 것은 필연적으로 저절로 일어나는 일입니다. 지저분한 집이 아무것도 안 했는데 깨끗해지는 것은 절대로 일어나지 않습니다.

$$\Delta G = \Delta H - T\Delta S$$

음수 0 음수

그러면 깨끗한 집을 만들어 봅시다. 깨끗한 집을 만들면 집의 무질서도가 줄어드니까 $-T\Delta S$ 부분이 양수가 됩니다. ΔG가 음수가 되려면 ΔH가 큰 음수가 되어야 합니다. 즉 에너지를 아주 많이 써서 청소를 해야 한다는 것입니다.

$$\Delta G = \Delta H - T\Delta S$$

음수 큰 음수 양수

우리의 집이 더러워지는 것은 아주 쉽고, 깨끗하게 만드는 것은 내 몸이 고생을 해야 하니 어렵다는 뜻이지요.

그렇습니다. 에너지를 많이 소모하지 않고는 집은 깨끗해지지 않습니다. 물리적으로 몸의 에너지를 쓸 수도 있고 화합물의 에너지를 빌어 와서 쓸 수도 있습니다. 물론 우렁이 각시가 집을 깨끗하게 치워줄 수도 있습니다만, 요즘에는 그건 좀 무섭군요. 스토커가 집을 치우다니 기분이 으스스합니다.

우리 게으른 자들은 어떻게 해야 하는지 알겠지요? 몸을 써서 청소하는 대신, 에너지를 많이 가지고 있는 구연산, 워싱 소다, 과탄산 소다 등을 이용하여 우리 대신 청소를 하게 하는 것입니다.

화학적 청소가 최고인 이유입니다.

게으른 자를 위한 화학 TIP

집이 깨끗하게 되려면 에너지를 써야 합니다. 부지런을 떨며 쓸고 닦으면 몸은 고되지만 집이 깨끗해집니다. 몸을 쓰는 대신 화합물의 에너지를 사용할 수도 있습니다. 에너지를 많이 가지고 있는 화합물에서 에너지를 빼내어 청소에 쓰는 것이지요. '깨끗한 집'이라는 동일한 결과물이지만 나의 시간을 쓰지 않았으니 나를 위한 시간을 확보할 수 있습니다. 커피를 마시고 책을 읽거나 운동을 할 수 있는 시간이 생기는 것입니다. 열역학이 보장합니다. 화학적 에너지를 활용하면 집은 깨끗해지고 나의 삶도 편해진다는 것을 말입니다.

게으른 자의 빨래 비결 : 세제 삼총사 제대로 알기

알칼리성 세제로 빨래를 하게 되면 빨래는 알칼리성이 되고 뻣뻣하지요. 이때 구연산이 큰일을 해 줍니다. 이름에서 보듯이 구연산은 산입니다. H^+ 이온을 빨래 표면에 공급하여 빨래를 부드럽게 만들어 주지요. 산성을 띠고 있어서 금속 때문에 생긴 오염 물질을 제거하는 데 효과적입니다. 예를 들어 농사를 짓다가 옷에 풀의 퍼런 물이 드는 경우 구연산을 사용하는 것은 좋은 생각입니다.

또한 물에 칼슘 이온이나 마그네슘 이온이 많다면 구연산이 그러한 녀석들을 붙잡아 주어서 물이 센물에서 단물이 되게 만들고, 적은 세제로도 거품이 잘 나고 빨래가 잘되게 해 줍니다.

생선의 비린내를 내는 물질에는 염기성 물질도 산성 물질도 있어요. 구연산으로 빨래를 하면 그중에서 염기성 비린내 성분을 제거할 수 있겠지요?

베이킹 소다는 약한 염기성을 띠는 염입니다. 염기성을 띠는 물질들은 기본적으로 기름때를 잘 제거합니다. 또한 우리 몸에서 나는 역한 냄새들은 주로 -COOH라는 유기산에서 나는데 베이킹 소다가 이런 물질과 반응하여 냄새를 제거해 주지요.

운동을 자주 하는 경우 옷에서 나는 냄새를 없애기 힘들 때 사용하는 세제로 베이킹 소다는 좋은 선택입니다.

과탄산 소다는 다소 강한 염기성을 띠는 워싱 소다 성분과 표백·살균 능력을 가진 과산화수소가 합쳐진 물질이지요. 워싱 소다 성분은 염기성을 띠니까 기름때를 제거하는 데 탁월하겠지요? 또한 유기산 등과 반응을 하여 냄새도 사라지게 합니다. 그다음으로 과산화수소는 표백·살균 능력을 가진 산소 라디칼을 제공할 수 있어요.

도마의 살균을 위해 과탄산 소다를 사용할 수 있습니다. 물론 식기도 그렇게 할 수 있겠지요. 그러나 주방 세제로도 식기는 충분히 깨끗하게 만들 수 있을 테니 일반적인 상황에서 굳이 과탄산 소다 또는 과탄산 소다와 세제의 조합으로 식기의 세척과 살균을 할 필요는 없을 것입니다. 자, 이제 해도 되는 것과 쓸모없는 행동에 대해 배웁시다.

1 **그다지 쓸모없는 행동**

- **구연산 + 베이킹 소다:** 이 둘이 직접 만나면 그냥 중화 반응을 하겠지요? **구연산나트륨도 만들어지긴 해요.** 만약 옷에 금속 성분의 오염이 심하다면 조금은 빨래에 도움이 될 것이나 그다지 쓸모는 없는 조합입니다. 구연산나트륨의 구연산 음이온은 칼슘 이온을 일부 침전시킬 수 있어요. 하지만 우리나라의 수돗물에는 빨래를 방해할 정도로 칼슘 이온이나 마그네슘 이온이 많지 않습니다.

2 **애매한 경우**

- **구연산 + 과탄산 소다:** 구연산과 워싱 소다 부분이 중화 반응을 합니다. 물이 생기고 **구연산나트륨이 생기고** 과산화수소가 떨어져 나오겠지요? 역시 세탁을 할 때는 크게 쓸데가 없습니다. 왜냐고요? 그냥 과산화수소를 쓰든지 과탄산 소다만 써도 되거든요.
  이 조합이 빛을 발할 때도 있습니다. 만약 화장실의 변기를 빨리 표백 청소를 하고 싶은데 집에 락스도 없고 과산화수소도 없는 경우 이 둘을 변기 수조에서 섞으면 과산화수소를 빨리 만들어 낼 수 있습니다. 이 과산화수소를 이용하여 변기 청소를 빨리 해 볼 수도 있어요.

3 **해도 되는 행동**

- **베이킹 소다 + 과탄산 소다:** 얼핏 보면 쓸데없는 조합으로 보입니다. 물에

물을 타거나 술에 술을 탄 것과 진배없다고 생각하기 쉽습니다. 그러나 그렇지는 않습니다. 이유를 말씀드리지요. 냄새 제거와 옷의 기름기 제거에는 옷을 덜 뻣뻣하게 하고 효과를 볼 수 있는 염기성의 베이킹 소다를 쓰는 것이 좋지요. 같은 용도로 워싱 소다를 써도 되지만 워싱 소다는 염기성이 더 강하여 옷은 더 뻣뻣해질 테니까요. **베이킹 소다와 과탄산 소다에 들어 있는 워싱 소다의 비율을 조절한다면 빨래의 냄새 제거 정도와 뻣뻣함 간의 타협점을 찾을 수 있습니다.** 과탄산 소다에서 나오는 표백제 성분인 과산화수소는 살균을 하고 색깔 옷을 더 선명하게 해 줄 수 있습니다.

- **세제 삼총사 성분 중 하나 + 일반 세제:** 아주 좋은 생각입니다.

게으른 자를 위한 화학 TIP

베이킹 소다와 워싱 소다의 차이

베이킹 소다는 빵을 구울 때도 넣어서 쓰는 먹을 수 있는 물질이지만 워싱 소다는 염기성이 강해서 먹으면 안 됩니다. 기름때를 제거하는 데는 워싱 소다가 더 좋겠지만 빨래는 더 뻣뻣해져요. 베이킹 소다는 먹어도 안전하고 염기성이 약해서 덜 위험하기 때문에 더 범용적으로 쓰이고 있습니다.

샤워실 유리를 닦을 때는 염기성이 더 강한 워싱 소다를 왜 쓰는지 이제 아시겠지요? 기름때를 더 잘 제거하거든요. 물론 베이킹 소다를 써도 됩니다. 좀 더 오랫동안 수세미질을 해야 되는 것이 함정. 그러니 세탁을 할 때는 베이킹 소다가 낫고 찌든 기름때를 벗겨 낼 때는 워싱 소다가 낫겠다고 하겠습니다. 아주 기름에 절여진 작업복을 세탁할 때는 또 다릅니다. 이때는 워싱 소다를 사용하는 것이 낫겠습니다. 어떤 물질을 사용하는지는 상황에 맞추어 판단을 해야 합니다. 그때그때 달라요.

5 베이킹 소다의 파생 상품? 워싱 소다 다시 보기

베이킹 소다와 워싱 소다를 헷갈려하는 분들을 위해서 다시 한번 설명을 할게요. 베이킹 소다를 높은 온도에서 구우면 베이킹 소다 2분자에서 이산화탄소 1분자와 물 1분자가 빠져나갑니다. 그리고 워싱 소다 1분자가 생깁니다. 그 화학 반응식은 다음과 같습니다.

$$2NaHCO_3 \rightarrow Na_2CO_3 + CO_2 + H_2O$$

베이킹 소다는 베이킹파우더를 구성하는 성분이지요. 빵이나 팬케이크를 만들 때 씁니다. 워싱 소다는 washing soda라는 영어 철자를 가집니다. 말 그대로 무엇을 씻을 때 씁니다.

모자에 선크림이나 파운데이션 같은 화장품이 묻은 경우 이걸 어떻게 세탁을 하나 아주 난감하지요? 이것에 대한 해결책을 드리기 위해서 저는 작년 아주 더운 여름날 필드를 나갔습니다. 골프를 치고 싶어 나간 것이 아니고 여러분의 고민을 해결하기 위해 나갔다고 합시다. 오케이? 그렇다고 칩시다. 라커 룸에서 선크림을 아주 많이 발랐습니다. 그리고 하루 종일 뙤약볕 아래에서 땅을 파며 농사를 지었더니 모자가 땀과 선크림으로 제대로 더러워졌습니다. 스코어는 묻지 마시기 바랍니다. 이미 다 잊었습니다.

집으로 돌아와 바로 실험에 돌입했지요. 세면대에 물을 받고 워싱 소다 두어 스푼을 풀어 준 다음 모자를 넣고 몇 번 비벼 주었더니 선크림에 더러워진 부분이 깨끗하게 되더군요. 이 관찰로부터 유추를 해 볼 수가 있습니다. '파운데이션을 바르고 모자를 써서 모자가 더러워져도 같은 방법으로 문제를 해결해 볼 수가 있겠구나' 하고요. 만약 더러운 모자가 있으면 이 방법으로 세탁해 보세요. 후회하지 않을 것입니다.

게으른 자를 위한 화학 TIP

워싱 소다와 탄산 소다는 같은 물질입니다. 또한 워싱 소다와 과탄산 소다는 다른 물질입니다. 과탄산 소다는 물에 녹으면 과산화수소와 워싱 소다가 생깁니다. 즉 과탄산 소다는 워싱 소다 + 표백제 과산화수소라고 생각하시면 됩니다. 일반적인 기름기 제거에는 워싱 소다를 사용하면 됩니다. 과탄산 소다는 물에 빨리 녹지 않는데 워싱 소다는 아주 빨리 녹아서 기름기 제거에는 과탄산 소다보다 훨씬 우수한 성능을 보입니다.

호기심 많고 지적인 당신을 위한 설명 : 베이킹 소다는 왜 염기성인가?

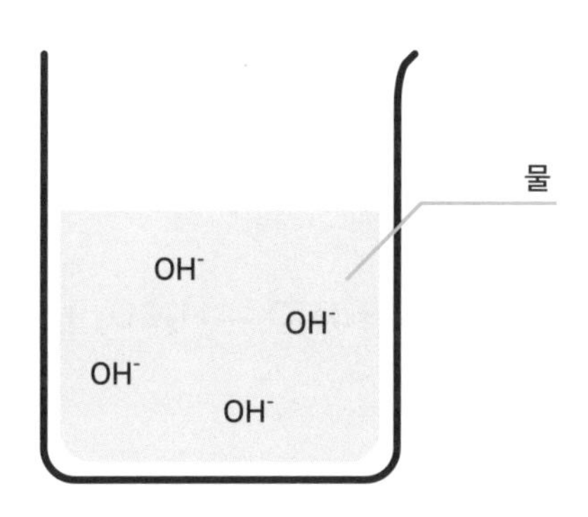

염기는 물에 녹으면 OH^- 음이온을 내어놓는 물질입니다. 수산화나트륨 NaOH의 경우 물에 녹으면 Na^+와 OH^-가 생기니까 염기의 정의에 완벽히 부합합니다.

$$NaOH \rightarrow Na^+ + OH^-$$

베이킹 소다의 식은 $NaHCO_3$입니다. 어디를 보아도 OH^-가 없어요. 그런데 왜 이 물질이 염기성일까요? 베이킹 소다가 물에 녹으면 Na^+와 HCO_3^-가 생깁니다.

$$NaHCO_3 \rightarrow Na^+ + HCO_3^-$$

그런데 HCO_3^-는 반응을 더 할 수가 있답니다. 물(H_2O)과 반응을 하여 다음과 같이 OH^-를 만들어 내지요. OH^-가 생기니까 베이킹 소다가 녹은 물은 염기성이 되는 것입니다.

$$HCO_3^- + H_2O \rightleftarrows H_2CO_3 + OH^-$$

이 반응식에서 좀 특이한 것을 발견할 수 있을 것입니다. 화살표가 양쪽으로 되어 있지요? 반응은 왼쪽에서 오른쪽으로도 가고 오른쪽에서 왼쪽으로도 간다는 뜻입니다. 화학 평형(equilibrium)이라고 부릅니다.

위 반응에서 새로 생기는 H_2CO_3(탄산이라고 부릅니다)는 물과 이산화탄소와 다음과 같은 평형의 관계에 있습니다. 탄산은 물과 이산화탄소로 쪼개질 수 있다는 뜻입니다. 사이다를 컵에 따르고 오래 내버려 두면 그냥 설탕물이 되는 이유입니다.

$$H_2CO_3 \rightleftarrows CO_2 + H_2O$$

게으른 자를 위한 화학 TIP

워싱 소다(Na_2CO_3)는 베이킹 소다보다 염기성이 더 강하다고 말씀드렸지요?

$Na_2CO_3 \rightarrow 2Na^+ + CO_3^{2-}$

$CO_3^{2-} + H_2O \rightleftarrows HCO_3^- + OH^-$

$HCO_3^- + H_2O \rightleftarrows H_2CO_3 + OH^-$

$H_2CO_3 \rightleftarrows CO_2 + H_2O$

위에서 두 번째 반응의 경우 왼쪽에서 오른쪽으로 가는 과정이 꽤 잘 일어난답니다. 비슷한 양의 워싱 소다와 베이킹 소다를 물에 녹인다면, 워싱 소다가 녹았을 때 물에 있는 OH^-의 농도가 베이킹 소다의 경우보다 더 높습니다. 따라서 워싱 소다의 염기성이 베이킹 소다의 염기성보다 더 강합니다.

베이킹 소다와 식초의 반응이 격렬히 일어나는 이유

앞에서 $\Delta G = \Delta H - T\Delta S$라는 공식을 배웠습니다. 또한 '$\Delta G$가 0보다 작으면 어떤 일이 일어날 수 있다. ΔG가 0보다 크면 절대로 일어나지 않는다'라는 것도 배웠지요.

식초의 주성분인 아세트산과 베이킹 소다(탄산수소나트륨)의 반응식은 아래와 같아요.

$$CH_3COOH + NaHCO_3 \rightarrow CO_2 + H_2O + CH_3COONa$$

이 반응에서 주목해야 하는 부분은 두 가지입니다. 첫째, 산성 물질과 염기성 물질이 중화 반응을 하면 열이 발생합니다. ΔH는 화합물에서의 열의 변화라고 생각해 보세요. 열이 빠져나가 버리면 높은 곳에 있다가 낮은 데로 임하게 되니 음수.

둘째, 이산화탄소 기체가 발생합니다. 이산화탄소 기체는 공기 중으로 날아가 어디로든 퍼져 버릴 수 있습니다. 반응 전과 비교하여 반응 후가 훨씬 더 무질서한 상태가 되어 버립니다. 무질서도의 S는 반응 전보다 반응 후가 더 큽니다. 변화인 ΔS는 이 경우에는 양수. 그러므로 -TΔS는 음수.

ΔH도 음수, -TΔS도 음수니까 ΔG는 무조건 음수입니다. 즉 베이킹 소다와 식초가 만나서 반응하는 것은 무조건 일어나는 일이라는 뜻입니다. 그것도 아주 잘 일어난다는 것을 열역학이 보증합니다.

$$\Delta G = \Delta H - T\Delta S$$

음수 음수 음수

게으른 자를 위한 화학 TIP

여러분이 집에서 어떤 물질들을 서로 섞었을 때 갑자기 기체가 생긴다면? 그 반응은 아주 잘 일어나고 격렬히 일어날 가능성이 높습니다. 무질서도가 증가하는 쪽으로 반응이 일어날 가능성이 높거든요. 예를 들자면 산과 락스를 섞으면 염소 기체가 발생하지요? 섞는 물질의 양이 많다면 반응이 걷잡을 수 없이 폭주할 수도 있습니다.

그러니 우리가 기억할 것은 이것입니다. **기체가 갑자기 많이 발생하는 반응과 열이 발생하는 반응은 조심하자! 열역학의 사랑을 받은 반응이라 무슨 짓을 할지 모릅니다.** 또한 어떤 기체가 발생하는지를 명확히 알아야 안전사고가 일어나지 않을 것입니다.

워싱 소다 무서워요. 아아악! 하는 분들에게

많은 분들이 처음 들어 보는 물질에 대해서 막연한 두려움을 가집니다. 워싱 소다가 그 대표적인 예일 것 같습니다. 워싱 소다는 빨래에 쓰라는데 이걸 식기 세척에 사용하라는 저의 제안에 그래도 되는지에 대해 여전히 두려움을 가진 분들이 있을 것입니다. 워싱 소다가 어디에서 생기는지 어떤 성질을 가지는지 어떤 반응을 하는지에 대해서 좀 더 자세히 배우면 그러한 두려움은 사라질 것 같네요.

베이킹 소다를 높은 온도에서 분해하면 워싱 소다가 생깁니다.

$$2NaHCO_3 \rightarrow Na_2CO_3 + CO_2 + H_2O$$

베이킹 소다는 빵을 구울 때 넣을 수 있는, 즉 먹을 수 있는 물질이라는 것은 다 아시지요? baking은 '굽는'이라는 뜻이잖아요. 빵 구울 때 쓰는 것이라고 베이킹 소다라고 부릅니다. 팬케이크 믹스에는 베이킹 소다가 들어 있습니다. 팬케이크를 구우면 무엇이 만들어질까요? 맞아요. 워싱 소다가 생깁니다. 동시에 이산화탄소도 생기기 때문에 팬케이크에 구멍이 뽕뽕 생기는 것입니다.

여기에서 두 가지 짚어야 할 포인트가 있습니다.

1 **양:** 우리가 먹어도 문제없을 만큼 워싱 소다가 생깁니다. 워싱 소다가 위에 들어가면 위액에 있는 염산과 반응하여 소금과 CO_2가 생깁니다.

2 **산성 물질:** 팬케이크 믹스에는 산성 물질도 첨가가 됩니다. 이 산성 물질이 워싱 소다와 반응하여 중화를 시키기 때문에 팬케이크에서 알칼리 특유의 떫은맛이 나지는 않아요.

팬케이크를 구울 때 베이킹 소다가 워싱 소다로 바뀌었다가 이 워싱 소다는 중화 반응에 의해 물과 염으로 바뀌었네요. 그렇지요?

워싱 소다를 수저로 퍼서 먹어도 된다고 위의 말씀을 드린 것은 절대로 아닙니다. 당연히 많이 먹으면 문제가 생길 수도 있는 물질입니다(200g 정도를 앉은자리에서 한 번에 다 퍼먹으면 위험할 수 있습니다. 그게 어떻게 가능한지는 모르겠습니다만). 그러나 "아아악! 워싱 소다 무서워요. 식기에 닿으면 큰일 나는 것 아니에요? 이거 빨래할 때 쓰라는데 식기에 닿으면 어떻게 하나요?"라고 호들갑을 떨 필요도 없다는 말씀을 드리고 싶은 것입니다.

다음만 생각해 보세요.

- 식기세척기 세제의 주성분 중 하나가 워싱 소다입니다. 식기세척기에는 쓰면서 설거지에 쓰는 것은 무섭다는 것은 말이 안 되는 것입니다.
- 워싱 소다는 물에 아주 잘 녹습니다. 그러니 설거지 후에 그릇을 물로 씻기만 해도 완전히 제거가 되는 물질입니다. 그래도 무서우면 묽은 식초나 구연산 용액으로 식기를 닦아 주면 됩니다. 중화 반응을 하여 워싱 소다를 염으로 바꾸어 버리는 것이지요.
- 워싱 소다는 (우리가 먹어도 문제없는) 베이킹 소다에서 만들어지는 물질입니다. 그러니 적어도 시작은 먹을 수 있는 물질에서 유래했습니다.
- 워싱 소다는 환경에서 이산화탄소와 반응을 하여 베이킹 소다로 바뀝니다. 여러분의 혈액 속에는 베이킹 소다의 구성 성분인 나트륨 Na^+ 이온과 HCO_3^- 음이온이 가득 들어 있답니다. 그러니 베이킹 소다를 너무 무서워할 필요도 그 베이킹 소다를 만든 워싱 소다도 너무 무서워할 필요가 없겠지요?

이제 워싱 소다가 조금은 덜 무서워졌기 바랍니다. 그래도 '아아악! 무서워요'라고 한다면 어쩔 수 없지요. 그냥 그런가 보다 해야지요 뭐. 선풍기 틀고 자면 죽는다는 사람들도 있는 마당에. 그런 분들은 팬케이크 드시지 마세요. 그 무서운 워싱 소다가 남아 있을지도 모르는 무서운 음식이니까요.

게으른 자를 위한 화학 TIP

워싱 소다는 기름기 제거에 탁월한 능력을 보입니다. 기름기가 많은 설거지를 하고 나면 손에 또는 고무장갑에 기름기가 끈적하게 달라붙어서 기분이 좋지 않습니다. 이때 워싱 소다 가루를 손에 조금만 뿌리고 빠르게(5초 내로) 손을 비비고 물로 바로 씻어 보세요. 금세 뽀송한 손(또는 고무장갑)으로 바뀝니다. 기름기 많은 생선이나 돼지·소의 비계 부분을 만지는 분들이 특히 도움을 받을 수 있는 팁이라고 생각합니다.

워싱 소다 설거지의 숨겨진 장점

워싱 소다로 설거지를 해 보신 분들은 이제 느끼실 것입니다. '아니, 내가 이렇게 설거지를 잘했나? 기름기가 이렇게 빨리 없어지는 것이었나?' '세제를 거의 안 써도 설거지가 깨끗하네? 신기하다.' 세제를 많이 쓰지 않고 물을 아끼는 것이 환경 보호에 큰 도움을 준다는 것 다들 아시지요? 워싱 소다를 이용하여 설거지를 하는 것은 이런 장점 말고도 숨은 장점이 있답니다.

단백질은 강한 염기성 용액에서 분해되어 작은 펩타이드 조각으로 변하지요. 심지어 아미노산으로까지 분해됩니다. 배수구 클리너가 강한 염기성 용액인 이유가 바로 여기에 있지요. 머리카락을 구성하는 단백질을 녹여 버릴 수 있거든요.

싱크대 배수구는 어쩔 수 없이 기름때와 음식물 찌꺼기가 모여 있을 수밖에 없지요. 워싱 소다가 기름때를 일부 비누로 바꾸어 버린다는 것을 이제 다들 아시지요? 음식물 속에는 단백질도 들어 있습니다. 이러한 단백질에도 워싱 소다가 작용하여 일부가 물에 녹게 만들어 버립니다(워싱 소다는 비교적 강한 염기이지만 설거짓거리를 물로 씻어 낼 때 희석이 많이 되어서 배수구로 빠져나갈 때는 하수의 산성도를 위협할 정도가 되지 않습니다. 그 절대적인 양이 많지 않으니까요). 그러니 워싱 소다를 이용하여 설거지를 하게 되면 기름 덩어리와 단백질 덩어리가 서로 엉겨 붙을 수 없으니 배수구가 깨끗할 수밖에 없어요.

싱크대 배수구에 과탄산 소다를 조금 뿌려 두면 좋을 것이라고 했지요? 과탄산 소다는 물에 녹아 워싱 소다가 되고 과산화수소를 만들어 냅니다. 이 과산화수소는 세균 킬러입니다. 안 그래도 워싱 소다 때문에 지방과 단백질이 배수구에 남아 있지를 못하는데 과산화수소가 세균을 죽이기까지 합니다. 세균 입장에서는 죽을 맛이지요. 먹을 것도 없어 쫄쫄 굶고 있는데 과산화수소가 호시탐탐 죽이려고 하니까요. 싱크대 배수구를 과탄산 소다로 관리하고 워싱 소다로 설거지하는 것. 깨끗하고 냄새 없는 집의 기본입니다.

게으른 자를 위한 화학 TIP

p.s. 다음에 집들이를 가신다면 워싱 소다 몇 통만 선물을 하세요. 어떻게 사용하는지 알려 드리고요. 설거지할 때 좀 덜 힘들면 삶의 질이 아주 높아집니다. 센스쟁이 친구로 인정을 받을 것입니다. 명절에 친척 집에 가져갈 선물로도 좋을 것입니다. 사랑받으실 것입니다.

왜 워싱 소다는 물에 녹을 때 뜨거워지나요?

mel***

워싱 소다와 물을 섞으니 순간 뜨거운 열이 생기는데 왜 그런 건가요? 무섭고 궁금해서 질문드려요.

드디어 이런 질문이 나오는군요. 오랫동안 기다려 왔습니다. 어떤 현상을 보고 '왜 이렇지?' 하고 궁금해한 것이 얼마나 오래되었나요? 어렸을 때는 호기심 천국이었지만 나이가 들면서 모든 게 시큰둥해지지 않던가요? 이 질문을 한 분은 5세의 어린 마음으로 돌아갔으니 만약 지금 나이가 40세라면 35년이나 어려졌군요. 축하합니다. 그 누구도 하지 못한 시간 되돌리기를 해내었습니다. 다시 한번 축하합니다.

워싱 소다는 Na_2CO_3라는 화학식을 가지고 있습니다. Na_2CO_3가 물에 녹게 되면 2개의 Na^{+} 양이온과 하나의 CO_3^{2-} 음이온이 생깁니다. 물은 H_2O라는 식을 가지고 있지요? 산소 O 원자는 양이온을 좋아하고 수소 H 원자는 음이온을 좋아합니다.

양이온이 물에 녹게 되면 여러 개의 물 분자가 둘러쌉니다. 산소 원자가 양이온을 바라보지요. 마치 인기 있는 남배우 주변에 팬들이 엄청나게 둘러싼 모습을 생각해 보면 될 것입니다. 음이온이 물에 녹게 되면 역시 여러 개의 물 분자가 둘러쌉니다. 이번에는 수소 원자가 음이온을 바라봅니다. 인기 있는 여가수 주변에 수많은 팬들이 둘러싼 모습을 생각해 보면 될 것입니다. 수많은 팬들에게 칭송을 받는 연예인은 이 순간 아주 큰 행복을 느끼겠지요. 너무 큰 행복을 느끼며 에너지를 마구 발산하며 노래를 부르고 춤을 출 수도 있겠지요?

자, 이 발산되는 에너지를 '열'이라고 합니다. 워싱 소다의 양이온과 음이온은 원래 서로 좋아하긴 했지만 수많은 물 분자들에게 둘러싸이는 것을 더 좋아합니다. 그러니 열이 마구마구 발산되겠지요?

화합물이 에너지를 가지고 있다가 화학 반응 중에 그 에너지를 방출하면 그것을 발열 반응이라고 하지요. 정확하게는 불안정한 상태로 있다가 좀 더 안정적인 상태가 되면 열이 방출됩니다. 우리 주변에서 보는 발열 반응은 다양합니다. 불이 타는 연소 반응도 발열 반응이고 폭약이 터질 때도 발열 반응이 일어납니다. 여러분이 밥을 먹고 운동을 할 때 열이 나지요? 영양소가 연소되면서 열을 내기 때문입니다.

밥을 많이 먹는 사람은 에너지를 많이 방출할 수밖에 없습니다. 그 에너지가 일로 나타나기도 하고 그냥 열로 나타나기도 합니다. 그래서 먹방 프로그램에 나오는 덩치 큰 개그맨들은 겨우 밥을 먹는데도 땀을 뻘뻘 흘리면서 먹지요. 한편 빼빼 마른 사람이 밥을 엄청 먹는다면 대부분의 경우 아주 활동적인 사람이라서 일로 에너지를 다 쓰기 때문입니다.

이것만 기억하면 됩니다. 사용하는 물질의 양이 '발생하는 열'의 양을 결정짓는다. 그러니까 너무 많은 양을 한 번에 사용하지만 않으면 문제없겠지요? 여러분이 사용하는 정도의 워싱 소다의 양으로는 용액이 뜨거워서 화상을 입을 정도가 되기는 힘들 것입니다. 그러니 너무 걱정하지 마세요.

게으른 자를 위한 화학 TIP

p.s. 발열 반응은 우리가 살아가는 데 있어 참 중요합니다. 밥을 먹고 영양소를 연소하면 열이 발생하는데 이것을 이용하여 우리는 일도 하고 운동도 하고 몸의 체온도 유지할 수 있습니다. 우리 몸에서 발열 반응을 계속 유지하려면 연료를 끊임없이 공급해 주어야 합니다. 자동차에 휘발유를 계속 넣어 주지 않으면 안 되듯이 우리는 계속 먹어야 살 수 있습니다. 이것은 생명 유지의 기본 조건이니까 먹는 행위에 대해 너무 죄책감을 느끼지 않기를 바랍니다.

11 워싱 소다가 물에 녹는 것은 우연 아닌 필연?

$\Delta G = \Delta H - T\Delta S$ 공식을 한 번 더 활용해 봅시다. 'ΔG가 0보다 작으면 어떤 일이 일어날 수 있다. ΔG가 0보다 크면 절대로 일어나지 않는다'는 것도 상기해 보고요.

화합물에서 열이 빠져나가면 그 주변은 뜨거워지겠지요? 워싱 소다를 물에 녹이면 물이 뜨거워집니다. 워싱 소다 입장에서는 열을 뺏긴 것이지요. ΔH가 음수가 됩니다. 워싱 소다가 물에 녹기 전에는 덩어리로 존재합니다. 일정한 부피를 가지고 있고 움직이지도 않습니다. 그런데 물에 녹게 되면 양이온과 음이온으로 쪼개질 뿐만 아니라 물에 다 퍼져 버리지요? 그러면 원래 상태보다 더 질서 정연하게 되었나요? 더 무질서하게 되었나요? 그렇죠. 더 무질서하게 되었지요?

무질서도 S가 증가하니까 무질서도의 변화인 ΔS는 이 경우에는 양수. 그러므로 $-T\Delta S$는 음수. 이 값들을 ΔG 공식에 대입해 봅시다. ΔH도 음수, $-T\Delta S$도 음수니까 ΔG는 무조건 음수입니다. 즉 워싱 소다가 물에 녹는 것은 일어날 일이라는 뜻입니다.

$$\Delta G = \Delta H - T\Delta S$$

음수 음수 음수

워싱 소다를 물에 넣으면 녹습니다. 그 이유는 위에 설명한 바대로 열역학으로 설명 가능합니다. 자연에서 일어나는 다양한 현상과 심지어 인간의 다양한 행동들도 비슷하게 설명해 볼 수 있습니다.

게으른 자를 위한 화학 TIP

조금 더 깊이 생각해 볼까요? 워싱 소다의 화학식은 Na_2CO_3이고 이 고체 상태의 물질 속에는 양이온 Na^+들과 음이온 CO_3^{2-}들이 서로를 잡아당기고 있지요. 그런데 물이 다가와서 물 분자의 산소 원자가 양이온인 Na^+를 둘러싸면서 Na^+를 물속으로 끌고 가 버리고 음이온 CO_3^{2-}를 물 분자의 수소 원자가 둘러싸면서 물속으로 끌고 가 버립니다. 그런데 물이 뜨거워지는 것으로부터 양이온과 음이온을 물 분자가 둘러싸고 있는 상태가 양이온과 음이온이 고체 안에서 서로를 잡아당기고 있을 때보다 훨씬 더 안정한 상태라는 것을 알 수 있어요. 애당초 Na_2CO_3 안에서 양이온 Na^+들과 음이온 CO_3^{2-}들이 그다지 안정적인 상태에 있지 않았다는 것을 의미합니다. 행복하게 서로 강하게 끌어당기는 상태라면 물이 와서 끌고 가려고 그래도 녹지 않았을 테니까요. 사람의 관계도 그렇지 않나요? 서로를 아주 사랑하고 있는 행복한 커플이 아무 이유 없이 헤어지는 일은 없잖아요. 살면서 만남과 헤어짐을 반복하는 것에는 다 이유가 있습니다. 애당초 서로 강하게 끌리고 그 끌림이 계속 유지가 된다면 절대 헤어지지 않습니다.

12 게으른 자의 친구 과탄산 소다의 넋두리

나는 물을 만나면 녹아 녹아

워싱 소다와 과산화수소를 만들어 내지

기름기 제거의 왕 워싱 소다 맞아

소독약 성분 과산화수소 맞아

그런데 내 말 좀 들어 봐

다들 과산화수소를 오해하고 있어

과산화수소는 불안정해. 인정해

그래서 친구를 만나고 싶어

세균을 만나면 친구 먹자

색깔 분자를 만나면 친구 먹자

그런데 친구들은 다 죽지

세균도 죽고 색깔 분자도 죽어 투명해지지

그런데 친구를 못 만나면 어떻게 될까?

산소 분자를 만들어. 뽀글뽀글

그래. 너희가 보는 기포가 산소 기체야

사람들은 뽀글뽀글 기포가 무서운 물질인 줄 알아

아니야. 전혀 그렇지 않아

뽀글뽀글 기포는 산소 분자야

산소 분자는 너희들을 해치지 않아

봐. 너희는 지금도 공기 마시고 있잖아

화장실에 뿌려 둔 나 과탄산 소다는 아직 그대로야

아직 과산화수소 만들지도 못했어

너희들 나를 집어 먹니?

그렇지 않잖아. 그런데 왜 무서워해?

물에서 산소 기체 나오면 무섭니?

공기는 어떻게 마시고 살아?

내가 녹아 세균 다 없애 주잖아

내가 녹아 얼룩 다 없애 주잖아

난 너희들을 해치지 않아

난 너희들을 도와주잖아

대체 왜 나를 이렇게 오해를 하니?

날 먹지도 말고 날 녹인 물을 먹지만 마

그러면 돼. 알았어? 그러면 돼

그럼 난 언제나 네 친구야

게으른 자를 위한 화학 TIP

과탄산 소다가 물에 녹으면 워싱 소다와 과산화수소를 만들지요. 이 과산화수소는 화학 반응을 통해 세균을 죽이고 얼룩을 없앱니다. 하지만 물에 녹지 않은 과탄산 소다는 아무 일도 못 해요. 또 죽일 세균도 없고 색깔 분자도 없으면 과산화수소는 결국 시간이 지나 물과 산소 분자로 바뀌어 버리지요.

$H_2O_2 \rightarrow 1/2O_2 + H_2O$

여러분이 과탄산 소다를 깨끗한 변기 물 안에 뿌려 두면 기포가 뽀글거리면서 올라오는 것을 보실 텐데 이건 그냥 산소 분자입니다. 공기 중에 넘치는, 우리가 숨 쉴 때마다 마시는 산소 기체 말입니다. 그러니 그 기포를 보면서 두려워할 필요는 없겠지요?

과탄산 소다는 친환경이라는데 왜죠? 먹으면 죽을 것 같은데

LD50이란 실험 생물이 어떤 물질을 먹었을 때 대상 실험 생물의 50%가 사망하는 양을 의미합니다.

쥐의 경우 과탄산 소다 LD50이 약 1g/kg 정도 되고 토끼의 경우는 2g/kg 이상입니다. 70kg의 사람이 이 물질을 먹으면 150g 정도는 먹어야 죽을지 말지 할 것 같군요. 일단 이 정도의 많은 양을 먹지는 않을 테니까 먹어서 죽을 일은 없어 보입니다. 하지만 먹고 싶지는 않네요.

과탄산 소다의 분자식은 $2Na_2CO_3 \cdot 3H_2O_2$인데 열을 가하면 열에 의해 분해되어 산소를 발생시킵니다.

$$2Na_2CO_3 \cdot 3H_2O_2 \rightarrow 2Na_2CO_3 + 3H_2O + 1.5O_2 + \text{열}$$

이 물질 옆에 가연성 물질이 있고 열이 공급된다면 분해되어 산소와 열을 추가로 제공하니까 이 가연성 물질이 연소되는 것을 도와줄 수 있습니다. 그러니 잠재적 폭발물이네요.

또한 이 물질은 물에 녹아서 과산화수소 H_2O_2를 내어놓습니다. 과산화수소는 산화제인 거 다 아시지요? 피부나 눈에 노출이 되면 상당히 괴로울 수 있습니다. 먹지도 못하고, 눈과 피부에 자극을 주고, 터질지도 모르는데 친환경이라니 이상하지요?

이 물질이 물에 녹게 되면 Na_2CO_3가 생기고 과산화수소 H_2O_2를 내어놓습니다. Na_2CO_3는 공기 중의 CO_2를 만나서 독성이 없는, 먹어도 문제가 없는 베이킹 소다 $NaHCO_3$로 바뀝니다. 과산화수소는 환경에 노출이 되면 금방 물과 산소로 바뀌어 버립니다.

그러니 이렇게 이해를 하시면 됩니다.

물질 자체를 섭취하거나 물질에 노출되는 것은 불가하지만 이 물질이 환경으로 배출이 되면 1. 생체에 축적되지 않고, 2. 며칠 내로 다 분해하여 결국 환경에 무해한 물질만 남기 때문에 친환경 물질이라고 부르는 것입니다.

과탄산 소다를 이용하여 빨래를 하시는 분들이 이 물질을 쓰시면서 환경에 죄를 짓는 기분은 가지지 않기를 바랍니다.

게으른 자를 위한 화학 TIP

- '친환경'의 정의를 이제 배우셨으니 친환경 물질이라고 하여 그대로 먹을 경우 잘못하면 건강을 해칠 수 있다는 것을 아시겠지요? '환경으로 배출되었을 때 환경에 부담을 주지 않는 물질'이 친환경 물질입니다. 그러면 영원한 화합물로 불리는 과불화화합물(PFAS)들은 친환경 물질일까요? 한번 환경으로 들어가면 영원히 없어지지 않고 생명체의 건강에 악영향을 주니까 친환경이 아닙니다. 환경에 영원히 부담을 주는 물질이므로 환경으로 흘러들어 가지 않도록 유의해야 하겠습니다.
- 과탄산 소다는 절대로 가스레인지 옆에 두면 안 되는 물질입니다. 화재 발생 시 불을 더 크게 키울 수 있습니다.

14 게으른 자의 산과 염기 지식이 +100 되었습니다

수소 원자는 소위 흙수저입니다. 태어나기를 전자 하나밖에 못 가지고 태어났습니다. 그런데 이 전자 하나조차도 빼앗긴다면 과연 어떤 기분일까요? 아주 참담하지요.

그렇지만 먹고 살려면 어딘가에 전자를 많이 가지고 있는 원자에 잠깐이라도 붙어서 '한 입만!'을 외쳐야 합니다. 산은 물에 녹으면 바로 이러한 수소가 그나마 하나 가진 전자까지 다 잃은 비참한 존재(즉 수소 양이온 H^+)를 만듭니다.

염기는 물에 녹으면 OH^-라는 것을 만듭니다. 원래 산소 원자 O는 전자를 좀 많이 좋아하는 편입니다. OH는 산소 원자 자체보다는 전자를 덜 좋아하지만 좋아하기는 합니다.

산성, 중성, 염기성 물질들

회사에서 일을 던져 주면 좋아하는 그런 신입 직원이라고 생각해 보세요. 그런데 이런 친구들에게 일거리를 너무 많이 주면 어떻게 되나요? 너무 버거워하지요? OH^-에게 누군가가 와서 일거리를 좀 나눠 가겠다고 하면 너무 좋아하겠지요? OH^-에 있는 산소 원자에게 전자란 바로 그러한 일과 같은 존재지요.

그러면 H^+와 OH^-가 만나면 무슨 일이 벌어지나요? H^+는 '전자 좀 줄 수 있을까?' 그러고 OH^-는 '내 전자 좀 가져갈래?' 그러잖아요. 서로 만나서 결혼을 합니다. H-O-H (또는 H_2O), 바로 물이 생깁니다. 이것을 중화라고 합니다.

산과 염기가 만나서 물을 만들었네요. 그런데 원래 산 분자에서 수소 원자 H와 같이 있던 염소 원자와 같은 녀석이 있지요? 염기 분자 내에 OH와 같이 있던 나트륨 Na와 같은 녀석도. 이들이 만나면 염(salt)을 만듭니다. 염산과 가성 소다가 만나면 다음 반응을 하지요.

$HCl + NaOH \rightarrow H_2O + NaCl$ (염, salt)

반응식을 외우기 싫지요? 그냥 이렇게 외우면 됩니다. 산과 염기가 만나면 중화가 되고 염(salt)을 만든다. 자, 노래를 불러 봅시다. '산과 염기가 만나서~.'

식초와 베이킹 소다를 섞으면 어떤 일이 일어나나요? 식초는 아세트산이라는 산이 들어 있지요. 아세트산과 염기인 베이킹 소다가 만나서 물을 만들고 아세트산나트륨이라는 염과 부산물로 이산화탄소를 만듭니다. 이런 중화 반응은 격렬하게 일어납니다. 열이 납니다. 그러니 조심해야겠지요?

화장실 청소를 할 때 쓰는 구연산은 산입니다. 싱크대 클리너는 염기가 잔뜩 들어 있지요. 그러니 이 둘을 섞으면 펑펑 터지고 난리도 아니겠지요?

집에 있는 산, 염기성 물질은 다음과 같아요. 서로 섞지 않도록 하고요. 필요에 의해 섞을 때는 위험성에 대해 알고 섞어야 합니다.

산성	식초, 구연산, 레몬즙.
염기성	베이킹 소다, 과탄산 소다(과산화수소도 만들어 내지만 Na_2CO_3라는 성분이 있는데 이것이 염기성을 띱니다), 락스, 유리창 청소 전용 스프레이, 싱크대 클리너, 암모니아(재래식 화장실에 많이 생깁니다).

게으른 자를 위한 화학 TIP

청소용 제품들은 크게 산성 물질과 염기성 물질, 그리고 표백제로 나뉠 수 있습니다. 그리고 세정력이 크면 클수록 강한 산성과 강한 염기성, 그리고 강한 산화력을 가집니다. 산성 물질과 염기성 물질은 섞으면 중화 반응이 일어날 것이고 이들의 산성/염기성의 성질이 강하면 강할수록 그 중화 반응은 격렬히 일어날 수 있어요. 집 안에서 청소나 세탁을 하다가 사고가 나는 것은 이러한 지식을 잘 모르기 때문입니다. 세탁기나 부엌 싱크대에 물질의 분류표를 붙여 놓든지 하여 혹시나 일어날 사고를 미연에 방지하는 것이 좋겠습니다.

15 중화 반응과 이놈의 자슥

산과 염기가 만나면 물이 생기고 염이 생긴다고 했습니다. 다음의 반응이 대표적인 중화 반응이지요. 직전 글에서 본 반응식이지만, 잊지 마시라고 또 써 드립니다.

$$HCl + NaOH \rightarrow H_2O + NaCl$$

강한 산인 염산 HCl과 강한 염기 NaOH가 만났더니 물과 NaCl 즉 소금이 생겼습니다. 산을 마셔도 죽을 수 있고 염기를 마셔도 죽을 수 있지요. 그러나 중화 반응에 사용한 산의 분자 수와 염기의 분자 수가 똑같으면 반응 후에 그 물을 마셔도 됩니다. 그냥 짭짤한 소금물입니다.

어린아이가 엄마 아빠 손을 잡고 갈 때 '너는 엄마 닮았니? 아빠 닮았니?'라고 많이들 그러지요? 때로는 엄마 아빠가 절묘하게 섞여서 아이가 그 부모의 자식인지 헷갈릴 때도 있습니다. 강한 산 HCl과 강한 염기 NaOH가 만나서 만든 NaCl이 그런 예지요. 엄마 아빠를 전혀 닮지 않았습니다. 아무도 안 해칩니다. 완전히 중성입니다.

그런데 친탁, 외탁을 하는 경우도 많습니다. 강한 염기와 약한 산이 만나면 염기성을 띠는 염이 만들어집니다. 수산화나트륨 NaOH와 이산화탄소가 물에 녹아 만드는 약한 산인 탄산(H_2CO_3)이 만나면 뭐가 만들어질까요? 베이킹 소다가 만들어질 수 있답니다.

베이킹 소다가 염기성인 것은 다 아시지요? 하지만 베이킹 소다는 NaOH만큼 강한 염기성을 띠지 않습니다.

$$H_2CO_3 + NaOH \rightarrow H_2O + NaHCO_3$$

그러면 강한 산과 약한 염기가 만나면 어떨까요? 당연히 산보다는 약하지만 산성을 띠는 염이 만들어지겠지요?

살면서 '이놈의 자슥. 지 아빠 하는 거랑 똑같은 짓을 한다'라는 말을 할 때도 들을 때도 있겠습니다. 하지만 그러려니 하고 받아들이고 살아야 합니다. 지네 아빠를 더 닮았더라도 엄마도 조금은 닮았으니까요.

게으른 자를 위한 화학 TIP

중요! 산과 염기가 만나서 중화 반응을 하더라도 무조건 중성이 되는 것이 아니라는 것을 아시겠지요? TV 프로그램에서 중화 반응을 '팔아먹는' 경우가 많습니다. 또한 모든 물질이 산이 아니고 또한 염기가 아닙니다. 따라서 당연히 모든 현상을 중화 반응만으로 설명할 수 있는 것도 아니고요. 그런 자칭 만물박사들의 말에 현혹되지 않을 수 있는 지식을 드렸습니다.

산소 원자는 건달이라고? 이야기로 배우는 산화

시장에서 상인들에게 보호비 명목으로 자릿세를 뜯어먹는 건달이 있습니다. 자, 이제 질문 들어갑니다. 이 건달은 과연 드웨인 존슨에게도 돈을 뜯어내 보려고 할까요? 못 그러겠지요? 그런 주제에 약한 사람들 협박하고 돈을 뺏어 가네요.

한마디로 산소 원자 O는 건달입니다. 다른 원자한테 빌붙어서 전자를 뜯어먹지요. 원자의 세계에서는 전자가 돈입니다. 수소를 만나면 H_2O가 되어서 수소 원자 멱살을 잡고 '전자 내놔' 그러고 탄소를 만나면 CO_2를 만들면서 탄소 양쪽에서 전자 내놓으라고 협박을 합니다. 알루미늄 원자를 만나면 Al_2O_3를 만들어요. O 원자 세 놈이 알루미늄 원자 둘에게서 전자를 자그마치 6개나 강탈을 해서 각자 전자 2개씩 나눠 갖지요.

산화가 뭐냐고요? 좁은 의미로는 들러붙은 산소 원자에게 전자를 뺏기는 것이고 넓은 의미로는 전자를 잃어버리기만 하면 산화라고 부릅니다.

아주 작고 귀여운 메테인(methane) CH_4 분자가 있어요. 탄소하고 수소 원자는 전자 2개를 사이좋게 나눠 가지고 있어요. 작고 귀여운 어린아이 둘이서 손을 잡고 길을 가고 있다고 생각해 보세요. 그게 탄소와 수소의 결합입니다.

그런데요. 골목길 어귀에서 산소 원자 몇 녀석이 도사리고 있어요. 아이들 잡은 손을 갈라놓고는 탄소 원자의 멱살을 쥐고 전자 내어놓으라고 그러고 수소 원자의 멱살을 쥐고 전자를 내어놓으라고 합니다. 탄소 원자 C도 산화되어 버렸고 수소 원자 H도 산화되어 버렸네요.

$$CH_4 + 2O_2 \rightarrow CO_2 + 2H_2O$$

그런데 웃기는 것은 산소도 불소 F한테는 꼼짝 못 해요. 불소 원자를 만나면 전자를 뺏겨요. 드웨인 존슨을 만난 동네 양아치 되는 거지요. 산소가 산화가 되는 거죠.

기억하세요. 산소는 원자계의 양아치다. 산소가 다른 원자에게서 전자를 빼앗는 것이 산화다. 그런데 진짜 싸움왕 불소 F를 만나면 산소도 털린다. 즉 불소를 만나면 산소가 산화된다.

게으른 자를 위한 화학 TIP

산소 기체와 그리고 불소, 염소 등 할로겐 기체들은 다른 물질들을 잘 산화시킵니다. 이 산화 과정은 때로는 좋지 않은 결과를 어떨 때는 사람에게 이로운 결과를 가져옵니다. 철과 산소가 만나면 철이 산화되어 녹이 슬고 그 철은 쓸모가 없어지겠지요. 한편 나트륨(Na) 금속과 염소(Cl_2) 기체가 만나면 우리가 소금이라고 부르는 염화나트륨 NaCl을 만듭니다. 나트륨은 물에 던져 넣으면 펑 하고 소리를 내면서 불이 붙는 무시무시한 반응성을 가진 금속이고 염소 기체도 들이마시면 사망할 수도 있는 기체인데 이 둘이 서로 만나면 아무런 해를 끼치지 못하는, 적당히 섭취하여 사람이 살아가는 데 필수적인 물질인 소금을 만들었네요.
우리가 음식물을 섭취하고 난 다음에 몸속에서는 이 음식물들이 산화되면서 에너지를 내어놓는데 우리는 그 에너지를 이용하여 살아갑니다. 그러니 '산화'라는 반응이 좋다 나쁘다 단정 지어 이야기하는 것은 의미 없는 행동입니다.

17 산화를 배웠다면 환원을 알아볼까요?

⊕ 하나의 화학 반응 안에서 어떤 물질이 산화가 되면 그 짝이 되는 물질은 반드시 환원이 됩니다. 예를 들어 메테인이 산소와 반응을 하여 물과 이산화탄소를 만들면 수소, 탄소 원자들은 산화가 되지만 산소 원자 자체는 환원이 됩니다. 아래의 글은 화학을 접해 본 적이 없는 분들이 산화와 환원을 직관적으로 이해할 수 있도록 써 놓은 것입니다. 반응식 전체가 산화 반응이거나 환원 반응인 경우는 없어요. 화학 공부를 하는 학생들은 이 점을 정확히 알고 계시기 바랍니다.

생명 활동에서 일어나는 산화와 환원을 다른 각도에서 한번 들여다보지요. 수소에 산소가 들러붙어 있는 것이 물 분자. 탄소에 산소가 들러붙어 있는 것이 이산화탄소. 그런데 대체 왜 메테인과 같은 물질을 연소시키면 물이 생기고 이산화탄소가 생길까요?

산을 올라가는 것이 힘이 많이 드나요? 산을 내려오는 것이 힘이 많이 드나요? 내려오는 것이 올라가는 것보다 더 쉽죠? 분자들도 에너지라는 산을 내려오는 것을 더 쉽다고 생각합니다. 탄소와 수소 사이에 에너지를 많이 가지고 있는 메테인은 산소라는 흉악한 도적을 만나 전자를 탈탈 털리면서 에너지의 산을 내려옵니다. 물과 이산화탄소가 되면서요.

산화 과정은 극단적으로 단순히 표현한다면 대부분 에너지의 산을 내려오는 과정입니다. 우리는 당분, 단백질, 지방을 매일 먹고 있지요? 우리 몸속에서는 이 물질들이 산소를 만나 연소를 하면서 에너지의 산을 내려오고 자기가 가지고 있던 에너지를 열의 형태로 내어놓습니다. 이 열을 이용하여 우리는 운동을 하고 말을 하고 생각을 하고 체온을 유지하면서 살아갑니다.

그러면 환원은 무엇인가요? '사회에 환원하다'라는 말은 사회에 돌려준다는 거지요? 산화가 된 물질들을 다시 원래대로 돌려놓는 것입니다. 에너지가 다 빠져 버린 분자들(물과 이산화탄소 같은)에 우주 공간을 가로질러서 온 태양의 빛 에너지가 투입이 되어 다시 쌩쌩한 당분과 산소를 만드는 과정. 이것도 환원입니다. 건달 산소를 떼어 내고 원래 상태로 돌려 버리는 것. 그러면 환원은 이 생태계에서는 에너지의 산을 다시 올라가는 것이겠지요? 분자들이 그냥은 에너지의 산을 못 올라가는데 빛 에너지가 뒤에서 영차영차 하고 밀어서 올려 줍니다.

이 지구라는 돌덩어리 위에서 생명을 가진 것들은 산화와 환원을 이용하면서 살아갑니다. 식물도 살아가려면 에너지가 필요하지요? 식물은 태양에서 빛 에너지를 받아서 자기가 먹고 살아갈 당분, 단백질, 지방을 만들어요. 이 분자들을 만드는 과정은 환원 과정입니다. 그리고 그것들을 몸에 축적을 하지요. 동물은 그러한 능력이 없습니다. 그냥 식물을 뜯어 먹든, 다른 동물을 잡아먹든 영양소를 몸에 집어넣고 산화를 시키고 그때 생기는 에너지를 이용하여 살아가지요. 요약한다면 식물의 몸속에서 영양소를 만드는 환원도 일어나고 이 영양소의 산화도 일어나는데 동물의 몸속에서는 영양소의 산화가 주로 일어나는 것입니다.

만약 태양이 없다면 어떤 일이 벌어질까요? 지구에는 아무런 생명도 없을 것입니다. 태양이 주는 에너지를 받아 식물이 살아가고 그걸 초식 동물이 먹고 초식 동물을 육식 동물이 잡아먹으면서 가는 거지요. 우리의 생명은 태양이 주는 에너지로 가능한 것이며 산화와 환원 과정을 통하여 계속 이어집니다.

아주 먼 미래에는 우리에게 이 기적과도 같은 생명을 주던 태양도 죽게 되겠지요. 그때는 이 지구에 모든 생명이 사라지고 우리 은하도 주변의 많은 은하들처럼 아주 조용해지겠지요. 그러나 너무 슬퍼 마세요. 우주 어딘가에서는 다시 지구와 같은 환경이 조성되고 생명이 태동할 수도 있을 테니 말입니다.

게으른 자를 위한 화학 TIP

p.s. 지금 우리가 이렇게 살고 있다는 것 정말 기적과 같은 일이 아닌가요? 이 광활한 우주에 어쩌면 현재는 지구 한 곳만 생명이 있을 수도 있고요. 지구 위에서 기나긴 진화의 터널을 지나 지금 우리가 인간으로 태어나 이렇게 생각을 하고 이야기를 나누는 것. 이게 기적이 아니면 무엇이 기적일까요? 여러분 모두가 보석과 같이 소중한 존재들입니다.

18 아직 어렵다고요? 화학 초보를 위한 산화-환원 다시 보기

이렇게 생각해 봅시다.

1 원자의 세계에서 전자는 인간 세상의 돈과 같다.

2 돈을 좋아하고 힘센 사람이 약한 사람에게서 돈을 뺏듯이 어떤 원자는 전자를 좋아하고 다른 원자에게서 전자를 뺏는다.

인간 세상에는 돈이 주머니에 들어오면 바로 써 버려야 직성이 풀리는 사람, 내가 가진 것에 대해 너무나 만족하며 남에게서 뺏을 생각 자체를 하지 않는 사람, 사기를 치든 물리력을 행사하든 남에게서 돈을 뺏는 사람 등등 다양한 부류의 사람이 살고 있습니다.

그렇듯이 원자의 세계에서도 전자를 잘 잃어버리는 녀석, 뺏는 녀석, 신경을 안 쓰는 녀석 등 다양한 성향의 원자가 있습니다.

산소나 불소 원자 같은 경우는 전자를 아주 좋아합니다. 그리고 힘도 세지요. 나트륨이나 칼슘, 알루미늄 같은 원자는 전자를 쥐고 있는 힘이 약해요. 칼슘 원자가 전자를 쥐고 길을 가다가 산소 원자를 만나요. 어떤 일이 벌어질까요?

욕심 많은 산소 원자가 칼슘 원자의 전자를 뺏지 않을까요? 칼슘 원자가 전자를 뺏기는 것을 산화, 산소 원자가 전자를 뺏는 것을 환원이라고 부릅니다. 간단합니다. 전자를 뺏기면 산화, 전자를 얻으면 환원.

앞에서 '불소는 산소보다 전자를 더 잘 뺏어요. 산소는 불소를 만나면 전자를 뺏겨요'라고 했어요. 그런데 왜 불화 반응이라고 하지 않고 산화 반응이라고 그럴까요? 우리는 지구에 살고 있는데 공기의 주성분이 무엇인가요? 질소가 거의 80%에 육박하고 나머지가 거의 산소지요. 공기에는 산소가 많이 있어요. 이 많이 있는 산소가 주로 하는 일이 무엇이었나요?

남에게서 전자 뺏는 일이지요.

전자를 뺏는 애들의 대명사가 바로 산소. 그래서 전자를 뺏는 과정을 산화 반응이라고 부르는 것입니다. 산소는 영어로 oxygen, 산화는 oxidation입니다.

게으른 자를 위한 화학 TIP

p.s. 세상에 존재하는 다양한 원자들의 성질을 알면 화학은 이해하기가 너무 쉽습니다.

3부

게으른 자들이여, 이것만은 하지 말자

3mins chemis

게으른 자는 섞지 않는다

1

우리나라 사람들 찌개 무진장 좋아합니다. 이것저것 재료를 넣어 보글보글 끓인 된장찌개, 고추장찌개, 김치찌개. 찌개 종류도 참 많지요. 그래서 그런가 모르겠는데 집에 있는 화학 약품들도 자꾸 섞으려고 그러시네요. 뭐 아래와 같은 식으로요.

> 락스가 살균력이 좋대매요. 식초도 좋고요. 그러면 둘 다 섞으면 월매나 좋게요?

'이걸 섞으면 안 된다, 저건 괜찮다' 등 물질들의 반응에 대해서는 다른 글에서도 여러 번 이야기했으니 책에서 그 내용을 찾아보시면 됩니다. 그래서 여기서는 한마디만 할게요.

섞지 마세요. 그냥 한 번에 하나만 쓰세요. 집에 있는 표백제, 산성 물질, 염기성 물질들은 그 자체로 위험합니다. 제가 화학 박사 아닙니까? 나름 공부 많이 한 사람입니다. 제 말씀 듣고 따라 하시면 적어도 손해는 안 봅니다. 함부로 물질들을 섞지 마세요. 잘못하다간 사망에 이를 수도 있습니다.

게으른 자들이여, 본성을 따르세요. 사람들 중에는 아무리 과학적 근거를 대고 이야기를 해도 '나는 내가 하던 방식대로 할 거야'라는 분들이 있습니다. 부엌 설거지 세제를 먹으면 소화가 잘될 것 같다고 매일 그걸 마시는 사람. 락스와 산을 섞으면 나오는 매캐한 기체의 냄새가 왠지 청소가 잘되는 느낌이라 죽어도 락스와 산을 섞겠다는 사람(그 냄새가 죽음의 염소 기체인 줄도 모르고 말입니다).

과산화수소가 상처에 있는 과산화수소 분해 효소 때문에 분해되어 산소 거품이 뽀글뽀글 나면 세균이 죽어서 저렇게 된다고 좋아하는 사람. 그게 아니고 그냥 산소라고 이야기해도 안 믿습니다. 이런 분들은 게으를 자격도 없습니다.

세제를 만들어서 파는 회사가 제품을 출시하지 않았다면 다 이유가 있는 것입니다. 건강에 문제가 있거나 효과가 없거나. 수많은 석박사 연구 인력들이 오늘도 더 좋은 제품을 만들기 위해 계속 실험을 하고 있습니다. 수백수천 명이 하는 일이 무엇을 섞어 보는 일입니다. 아시겠죠? 여러분은 그냥 계속 게으름을 즐기세요. 뭘 섞어 보려면 석박사 학위 따고 회사에 입사를 하면 됩니다. 잘 섞기만 해도 돈을 주는 곳으로 말이지요.

다시 강조합니다. 함부로 세제들을 섞지 마세요. 게으름의 관성을 이대로 쭉~ 이어 나가시길 바랍니다.

게으른 자를 위한 화학 TIP

절대 섞으면 안 되는 것들

락스 + 과탄산 소다(또는 과산화수소)

→ 격렬히 반응하며 폭발 가능(자칫하면 응급실행)

락스 + 산(염산, 식초, 구연산 등)

→ 유독성 기체 Cl_2 발생

락스 + 유리 세정제(암모니아가 녹아 있는)

→ 유독성 물질 클로라민 발생

락스 + 소변(변기 물에 락스를 부어 놓고 볼일을 볼 경우)

→ 클로라민 발생

과산화수소(또는 과탄산 소다) + 식초

→ 피부와 눈에 강한 자극을 주는 과산화아세트산 발생

과산화수소(또는 과탄산 소다) + 강한 염기(배관 세척제 등)

→ 많은 열이 발생하며 폭발 가능

강한 산 + 염기

→ 많은 열이 발생하며 폭발 가능

2 과하게 청소에 열중이신 분들에게 드리는 말씀

구연산 많이 뿌려서 화장실 타일이 녹았다고요? 과탄산 소다나 구연산이나 화장실에 뿌릴 때 제가 조금 뿌리라고 그랬지요? 그런데 왜 많이 뿌리시나요? 그리고 왜 청소를 그렇게 열심히 하려고 하시나요? 게으름을 부리고 더 중요한 것들(차를 마시고, 책을 읽고, 친구와 수다를 떠는 것)을 하세요.

정말 적은 양의 과탄산 소다로도 화장실의 세균·곰팡이 증식 완전 차단이 가능합니다. 그러니 게으름을 부리세요. 제발 왕창왕창 뿌리고 그걸 솔로 박박 닦고 그러지 마시고요. 하루 지나서 그냥 물로 쓱 헹구거나 발바닥으로 쓱 문질러 버리면 돼요.

'아악! 내 발에 독극물 과탄산 소다가 묻었어'라고 하는 분이 있다면 일단 진정하시고요. 괜찮아요. 아무 문제 없어요. (훈련사 강형욱 씨가 멍멍이 보호자에게 말하는 톤이 들리시나요?)

다만 한 가지만 말씀드리면 화학 물질을 많이 쓰면 그만큼 화학 반응의 스케일도 커집니다. 과탄산 소다도 구연산도 락스도 다 반응성이 높은 물질입니다. 그러니 많이 쓰면 그만큼 원래 목적이었던 화장실의 관리에 그치지 않고 화장실의 여러 부분과 반응을 할 가능성이 높아지는 것입니다.

제가 몇 알갱이라고 하면 몇 알갱이가 맞아요. 한군데 뿌려진 과탄산 소다 알갱이가 10개만 되어도 '이래도 되나?' 하고 고민을 해야 합니다. 아시겠지요?

게으른 자를 위한 화학 TIP

알갱이가 안 녹고 그대로 있어서 괴로운 분들 계시지요? 그냥 두세요. 때가 되면 녹든지 말든지 하겠지요. 거기 뜨거운 물 부으려고 준비하시는 분. 좀 그냥 두라니까요.

3 과탄산 소다를 사용할 때 절대 하면 안 되는 것

과탄산 소다는 물에 녹으면 과산화수소를 만들어 냅니다. 이 과산화수소가 바로 세균을 죽이는 주성분입니다. 그런데 이 과산화수소는 철 가루 등 소량의 촉매 물질에 의해 분해되어 물과 산소를 만들어 내지요.

과탄산 소다를 화장실에 뿌리건 어디에 뿌리건 일상적인 상황에서는 절대로 위험한 상황이 벌어지지 않습니다. 하지만 과산화수소가 너무 빨리 생성되고 산소와 물로 분해가 된다면 위험할 수 있어요. 그러니까 다음은 절대로 하지 맙시다.

1 **많은 양의 과탄산 소다를 좁은 공간(예를 들자면 화장실 배수구)에 부어 두고 뜨거운 물을 붓는다.** 만약 이때 주변에 철과 같은 것이 있다면 산소가 격렬히

생성되면서 튀어 오를 수 있습니다. 이것이 눈에 튄다든지 하는 위험한 상황이 벌어질 수 있습니다.

2 **많은 양의 과탄산 소다를 병에 넣고 물을 부은 다음에 병뚜껑을 닫아 둔다.** 역시 과산화수소가 생성되고 이것이 만약 산소와 물로 변하게 되면 이제 이 닫아 둔 병은 폭탄이 됩니다. 병에 산소 기체가 가득 차게 되니까요. 샴페인 병을 흔들면 병뚜껑이 날아가지요? 비슷한 상황이 벌어집니다.

케첩 병이나 아기 약병이나 과탄산 소다 가루 보관용으로 다 괜찮습니다. 하지만 절대로 물+철 가루 또는 뜨거운 물을 여기에 붓지 않기 바랍니다. 또한 과탄산 소다와 락스는 절대로 같이 섞지 마세요. 과탄산 소다와 강한 염기(뚜러펑, 트래펑과 같은)도 섞지 마세요. 물에 녹여서 밀폐된 병 안에 두지 마세요.

제가 이 책에 써 놓은 대로만 사용하시면 아무 문제 없을 것입니다. 후유, 우리 게으른 자들은 강가에 내어놓은 어린아이 같아서 참 걱정입니다. 하지 말라면 왜 그리들 하려고 하는지.

화학 제품은 제대로 쓰면 생활이 참으로 편리해집니다. 그러나 잘못 쓰면 큰 문제를 일으키기도 하지요. 건강하기 위해서 하는 청결 유지 노력 때문에 다치면 절대 안 됩니다.

이 책을 읽으시는 분들은 주변 분들에게 이러한 내용을 꼭 전달해 주시기 바랍니다. 우리의 건강과 안전은 그 무엇보다 소중한 것입니다.

게으른 자를 위한 화학 TIP

세탁용으로 많은 양의 따뜻한 물에 과탄산 소다 1스푼을 넣고 쓰는 것은 아무 문제 없습니다. 다만 이 경우 세탁기 안에서 사용하는 것을 추천합니다. 환기가 잘되는 곳에서 큰 들통에 넣고 끓여도 되나 뚜껑을 약간은 열어서 김이 새어 나오게 하고요. 이 뜨거운 김을 코로 들이마시지는 마세요. 소량이나마 과산화수소가 수증기에 들어 있습니다. 콧속이 뜨거운 증기 때문에 헐 수가 있습니다.

산소계 표백제와 염소계 표백제의 위험도를 판별하는 방법

치과에서 치아를 미백하기 위하여 과산화수소를 사용합니다. 분해되면 과산화수소를 만들어 내는 화합물을 사용하는 것입니다. 치아에만 닿게 하는 것이지만 무려 입속에 과산화수소를 집어넣는 셈이네요. 과탄산 소다는 물에 녹으면 과산화수소를 만들어 냅니다. 그러니 과탄산 소다도 치아의 미백에 사용할 수 있다는 것을 짐작하시겠지요?

그런데 락스를 사용하여 치아를 미백한다는 소리를 들어 보셨나요? 못 들어 보셨을 겁니다. 만약에 그런 짓을 하는 치과 의사가 있다면 그 사람은 돌팔이임에 분명합니다.

과산화수소, 과탄산 소다, 락스 모두 표백제입니다. 중고등학교 때 화학 공부를 열심히 하신 분이라면 주기율표에서 염소는 가장 오른쪽에서 두 번째 줄에 있다는 것과 산소는 가장 오른쪽에서 세 번째 줄에 있다는 것을 기억하실 것입니다. 이 원소들은 전자를 아주 강하게 원합니다. 따라서 산화제이자 표백제로 작용을 합니다. 기억이 안 난다고요? 괜찮아요. 내 나이가 몇 살인지 핸드폰은 어디에 두었는지도 모르겠는데 산소, 염소 어디 있는지 모를 수 있지요. (어제는 아내가 부엌에서 제 핸드폰을 찾아 주더군요. '주부라고 이젠 핸드폰이 싱크대 옆에서 나오네'라고 하면서요. 이러다 조만간 핸드폰을 냉장고에 두는 것이 아닌지 모르겠습니다. 요즘은 주로 리오 배변판 주변에서 제 분실 핸드폰이 나타납니다만.)

그러면 이렇게 생각해 봅시다. 여러분, 산소 무섭나요? 산에 있는 무덤 말입니다. 귀신이 나올 것 같아 무섭다고 누군가 그러시네요. 그런데 산소가 갑자기 벌떡 일어나서 덤벼드나요? 그러면 염소는 어떤가요? Goat. 발정이 나서 눈이 번들번들한 염소를 생각해 봅시다. 물리적 위험도는 뿔이 난 염소가 더 높고 산소는 상대적으로 낮지요?

락스는 염소계 표백제이고 과산화수소, 과탄산 소다는 산소계 표백제입니다. 여기서는 이걸 기억하는 거죠. 아! 락스가 과탄산 소다나 과산화수소보다 센 놈이구나. 더 무섭구나. 너무 유치하다고요? 그럼 오비탈부터 시작해서 화학 강의를 몇 시간 들어 보실래요? 다들 주무실 거면서. 그냥 원리 공부하기 싫은 거 받아들이고 외우세요.

색깔 옷을 망치는 가장 쉬운 방법은 락스를 그 위에 한 방울 떨어뜨리는 것입니다. 닿은 부분의 색을 사라지게 해서 옷이 아주 얼룩덜

룩하게 변합니다. 과산화수소나 과탄산 소다는 세탁에 적절히 활용하면 색깔 옷의 색상을 더 선명하게 만들 수 있지요. 물론 옷감과 색소에 따라 망가지는 경우도 있으니 조심은 해야지만요.

한편 살균력은 락스가 더 강하겠지요? 센 놈이니 세균을 더 빨리 죽입니다. 화장실의 여러 부위를 더 빨리 상하게 하고 스테인리스조차 부식시켜 버리지요. 제가 락스를 화장실에서 사용하는 경우는 악성 검은곰팡이 얼룩을 없애거나 좌변기 안의 벽에 말라붙은 오물을 제거할 때밖에 없습니다. 평소에는 사용할 필요가 없습니다.

우리는 게으름을 추구하지만 머릿속까지 잠을 재우면 안 되겠습니다. 염소계 표백제와 산소계 표백제 잘 구분해서 써 봅시다.

게으른 자를 위한 화학 TIP

- 염소계 표백제는 염소 원자(Cl)가 세균이나 색깔 분자에 작용을 하여 화학 결합의 성질을 바꿉니다. 산소계 표백제 과산화수소 H_2O_2의 경우는 산소 원자가 그런 일을 하지요. 그런데 산소계 표백제가 작동을 하려면 먼저 과산화수소가 쪼개져서 •OH 라디칼을 만들어야 합니다. 이것이 화합물과 반응을 하니까요. 이 과정은 다소 시간이 걸립니다. 염소계 표백제에서 나온 염소 원자가 반응하는 것은 즉각적이고요. 따라서 염소계 표백제가 훨씬 빨리, 그리고 효과적으로 세균과 색깔 분자에 작용하게 됩니다. 다른 복잡한 이유도 있지만 여기서는 이 정도 설명만 하겠습니다.
- 여하튼 화학 반응이 즉각적인 염소계 표백제는 세균을 죽이는 데는 산소계보다 훨씬 효과적이지만 옷의 색을 망쳐 놓을 수 있다는 점과 반응성이 약한 산소계 표백제는 세균 살균에는 염소계보다는 못하지만 옷의 색은 그대로 유지할 수 있다는 점은 꼭 기억합시다.

5 천연 락스란? 유니콘 같은 것

‘천연 락스란 무엇인가요?’라는 질문을 가끔 받습니다. 처음에는 질문을 보고 ‘응? 이게 무슨 말이지? 락스면 락스지 천연 락스가 뭐지?’라고 생각했습니다. 인터넷을 뒤져 보니 두 가지 정도 경우에 ‘천연’이 나오더군요.

1. 천연 소금으로 만든 NaOCl
2. 인터넷에 나오는 천연 락스 만드는 법: 천연 소금 1 + 식초 2 = 천연 락스 ?

첫 번째 경우를 살펴봅시다. 어떤 회사가 천연 소금을 원료로 하여 락스를 만들었다고 광고를 하고 있네요. 우리가 아는 락스는 NaOCl이라는 화학식을 가지고 있습니다. 바닷물을 증발시켜 얻은 소위 천연 소금을 가지고 합성을 하건 나트륨 Na 금속과 염소 기체 Cl_2가 반응하여 만들어지는 염화나트륨 NaCl을 이용하건 얻어지는 것은 동일합니다. 똑같은 NaOCl입니다. NaOCl은 물에 녹으면 Na^+와 OCl^-가 생깁니다.

소금을 얻는 과정이 좀 더 에너지를 덜 쓴다면 '상대적으로' 친환경 공법으로 만든 NaOCl이겠네요. 락스가 천연일 수는 없습니다. 우리가 만든 것이니까요. 자연산, 천연을 좋아하는 우리의 감성을 자극하는 마케팅일 뿐입니다.

두 번째 경우도 생각해 볼까요? 소금은 NaCl이고 물에 녹으면 Na^+와 Cl^-가 됩니다. 식초는 아세트산과 물의 혼합물입니다. 아세트산의 화학식은 CH_3COOH입니다. 아세트산은 물에 다 녹지 않고 대부분이 CH_3COOH로 존재하고 일부 녹아서 CH_3COO^-와 H^+로 존재하는데 이 H^+ 때문에 산성이지요.

그러면 소금과 아세트산이 물에 녹으면 무엇이 만들어지나요? 물에는 CH_3COOH, CH_3COO^-, H^+, Na^+, Cl^-가 존재합니다. 아무리 들여다봐도 NaOCl 또는 OCl^-는 눈에 안 보이시죠? 소금과 식초를 섞어도 락스 성분은 만들어지지 않습니다.

그런데 이 혼합물을 스프레이식으로 만들어 뿌리면 곰팡이가 덜 슬고 그런다고 하지요? 생각해 보았습니다. 왜 그럴까? 우리가 음식을 오래 보관할 때 염장을 하지 않나요? 젓갈, 된장, 간고등어 등 모두 염장을 합니다. 식초와 소금의 혼합물을 뿌려 두면 결국 식초는 증발하여 날아가고 소금만 남게 됩니다. 소금이 높은 농도로 있으면 당연히 세균, 곰팡이 등이 잘 살 수가 없겠지요? 물론 식초 자체의 살균력 때문에 처음에 스프레이를 뿌렸을 때 세균이 좀 죽었을 것입니다.

또한 CH_3COO^-의 경우에 금속 이온을 둘러싸며 결합할 수 있고 잘 녹는 물질을 만들어 낼 수 있습니다. 따라서 가벼운 녹 같은 것은 제거할 수 있겠네요. Cl^-가 그 과정을 좀 도와줄 수도 있고요.

결론을 지어 드릴게요. 소금과 식초를 섞어도 천연 락스는 안 생깁니다. 절대로, 죽었다 깨어나도 안 생깁니다. 다시 요약하여 '세상에 천연 락스는 없습니다. 그러므로 천연 락스가 무엇이냐면 상상 속에나 존재하는 유니콘과 같은 존재입니다'가 제 답변입니다.

게으른 자를 위한 화학 TIP

아마도 저 레시피를 만든 분은 락스가 아니지만 식초나 소금 같은 것을 이용하여 마치 락스처럼 청소에 사용할 수 있다고 하여 '천연 락스'라고 불렀을 것 같습니다. 아니면 TV 프로그램에서 자극적인 제목을 만들어 냈을 수도 있겠지요. 차라리 '락스에 버금가는 슈퍼 세제 레시피'라고 좀 더 정확하게 제목을 만들었다면 어땠을까 하는 생각이 듭니다. 별것도 아닌 일에 제가 너무 진지하게 접근을 한다고요? 그렇게들 느낄 수도 있겠습니다. 그런데 '천연 락스'와 같은 제목에 이유 모를 반감이 생기는 것은 어쩔 수 없는 화학자들의 특징이라고 이해해 주세요. 여러분도 '천연 콜라', '천연 피자'와 같은 말을 듣고 나서 전혀 다른 제품을 보게 되면 화가 나실 것 아닙니까? ☺

게으르지만 똑똑한 당신이 스프레이 통을 멀리하는 이유

게으름을 부리는 사람들은 일신의 안락함을 위해 꾀를 많이 냅니다. 하지만 남는 시간으로 뭔가 중요한 생각을 하는 데 머리를 쓸 수도 있지요.

일상생활에서 손쉽게 접근이 가능한 표백제 락스, 과탄산 소다, 과산화수소는 표백을 할 수 있고 살균도 할 수 있지요. 살균이라~ 말 그대로 세균을 죽입니다. 그런데 세균은 뭔가요? 생명체지요. 여러분의 세포는요? 마찬가지로 생명체가 아닌가요? 세균은 죽여야 되지만 세균 죽이자고 우리의 세포가 죽으면 안 되겠습니다.

우리 몸의 피부는 외부로부터 여러 가지 위협을 버틸 수 있게 잘 만들어져 있습니다. 하지만 우리 몸에는 피부가 없는 곳도 있어요. 그렇지요. 바로 호흡기와 눈, 입속에는 피부가 없습니다. 천식을 가라앉

히는 스프레이는 코로 흡입을 합니다. 그리고 약은 입으로 주로 먹지요. 눈에 양파즙이라도 들어가면 큰일 나지요?

우리의 화장실로 가 봅시다. 젤(또는 거품) 형태의 락스 세제와 창문 청소용 스프레이 이외에 파는 세제 스프레이가 많이 있나요? 아마 아닐 것입니다. 만약 스프레이 통이 있다면 본인이 직접 만들었을 것입니다. 그리고 시판되는 스프레이 제품의 설명서를 보면 사용 시 호흡기로 들이마시는 것을 조심하라고 되어 있을 것이고 환기를 잘 하라고 되어 있을 것입니다. 몸에 좋으면 그런 말이 쓰여 있겠습니까?

락스 원액을 스프레이로 파나요? 안 팝니다. 과탄산 소다 용액을 스프레이로 파나요? 아니요. 그러면 구연산 용액을 파나요? 레몬즙을 제외하고는 안 팝니다. 액체인 과산화수소는 어디에 있나요? 잘 밀봉되어 있을 것이며 이런 거 하지 마라 저런 거 하지 말라는 경고 문구가 많이 있을 것입니다.

대체 이유가 무엇일까요? 이유는 단순합니다. 이러한 제품을 임의로 스프레이 통에 넣어 분사하면 공기 중에 떠다니며 우리의 호흡기로 바로 들어오게 되고 우리의 세포를 죽이며 건강에 문제를 일으킬 수 있기 때문이지요. 여러분은 가습기 살균제 사건(2011년)을 잘 기억하실 것입니다. 회사가 이 제품을 이용하여 소비자가 가습기의 부품을 닦는 데만 사용하도록 했다면 아무 문제가 없었을 것입니다. 그런데 그 제품을 굳이 공기 중으로 분사를 하여 코로 들이마시게 했기 때문에 그 모든 비극이 생긴 것입니다. 이제 정리합니다.

- ☑ **락스, 과산화수소, 과탄산 소다 용액, 진한 구연산 용액을 임의로 스프레이 통에 넣어 뿌리지 않도록 합니다.** 만약 그러한 행동을 한다면 본인과 가족의 건강을 해치는 어리석은 행동이라는 것을 알아야 합니다.
- ☑ 염소계 표백제는 산소계 표백제보다 반응성이 더 높습니다. 표백도 더 잘하고 살균도 더 잘하고 우리 몸의 세포도 더 빨리 손상이 되게 합니다. 또한 고무 제품 등도 훨씬 빨리 상하게 합니다. **그러한 반응성의 차이를 알고 사용해야 합니다.** 예를 들어 걸레를 빠는 데는 락스 물이 좋습니다. 하지만 색깔 옷에 락스를 쓰면 새 옷을 바로 걸레로 만듭니다.
- ☑ **표백제를 사용할 때는 양과 사용 방법을 잘 알아야겠지요?** 제 글에 쓰인 내용을 다시 한번 보면서 상황에 따라 사용하시기 바랍니다. 자신에게 필요한 내용을 노트로 정리하면 더 좋겠군요.
- ☑ **염소계 표백제와 산소계 표백제를 절대로 섞지 않습니다.** 심각한 안전 문제가 생깁니다.
- ☑ **산소계 표백제와 뚜러펑 등을 섞지 않습니다.** 터질 수 있습니다.
- ☑ **염소계 표백제와 구연산, 식초 등을 섞지 않습니다.** 유독 기체 염소가 발생하여 사망할 수도 있습니다.
- ☑ **산소계 표백제를 물에 녹여 밀폐된 병에 두지 않습니다.** 잠재적인 폭탄입니다.
- ☑ **사용하는 양을 고려해야 합니다.** 많은 양을 사용하면 할수록 반응의 스케일이 커집니다. 소주를 한 잔 마시면 기분이 좋지만 다섯 병을 마시면 기분이 매우 나빠지거나 몸이 심각하게 안 좋아지는 것과 같은 원리입니다.

표백제는 잘 사용하면 아주 편리하지만 모르고 사용하면 아주 위험합니다. 만약 이러한 사실을 알려 주었는데도 계속 고집을 피우고 위험한 행동을 하는 사람이 있다면 피하십시오. 아마 다른 일에 관해서도 평소에 속이 터지게 행동을 할 것입니다. 지금 안 그런다면 나중에라도 문제를 일으킬 것이니 믿고 거르세요.

너무 진지하게 말씀을 드리는 것 같기는 하지만 건강은 정말 중요한 것이니 머릿속 게으름은 멈추어야겠네요. 제 글에 쓰인 대로만 과탄산 소다 놀이, 구연산 놀이 등을 하신다면 아무 문제 없을 것이니 너무 겁을 먹지는 마세요. 괜찮아요. 안 해칩니다.

옆에 써 놓은 글귀를 메모하여 화장실이나 주방에 붙여 놓으면 좋겠네요. 주변 분들에게도 그리하라고 전달해 주기 바랍니다. 특히 어르신들이나 이제 독립생활의 첫걸음을 떼는 젊은 분들에게 도움이 많이 될 것입니다.

게으른 자를 위한 화학 TIP

p.s. 이제는 그 누구도 '락스, 과탄산 소다, 과산화수소, 진한 구연산, 염산, 황산, 뚜러펑 스프레이 해도 되나요?'라는 질문이나 생각은 안 했으면 하고 바랍니다.

안전한 생활을 위하여 앞으로는 절대 하지 않을 것들

집 안에 있는 청소 및 세탁 세제들을 섞지 않는 것들은 잘 아실 테니 더 이야기하지 않아도 되겠지요? 다음의 행동은 자칫 잘못하면 무심코 하게 되는 행동인데 그 결과를 같이 보시지요.

냄비에 물을 적게 넣고 높은 온도로 가열하며 요리하면서 핸드폰 보기

→ 냄비를 새로 사게 됩니다.

흰옷과 색깔 옷 같이 빨기

→ 색깔 옷이 하나 더 생깁니다.

락스로 색깔 옷 빨래

→ 하얀 옷을 만들 수 있지요.

🚨 **락스를 스테인리스 세탁조, 냄비, 배수구 뚜껑에 닿게 하기**

→ 녹이 슬지 않는 스테인리스가 녹이 스는 기적을 보게 됩니다.

🚨 **알루미늄 들통에 구연산을 넣고 빨래 삶기**

→ 알루미늄이 녹아요.

🚨 **유리병에 (어떤 이유든) 워싱 소다 용액이나 싱크대 클리너 보관하기**

→ 유리병이 약해져서 깨지는 것을 볼 수 있습니다.

🚨 **산(구연산, 식초)과 염기(베이킹 소다, 워싱 소다)를 (기포를 만들어 배수구 청소하기 위해) 섞을 때 보안경 안 끼기**

→ 병원에 가서 의료 보험의 혜택을 받을 수 있습니다.

🚨 **진한 산/염기 용액을 사용할 때 보안경 안 끼기**

→ 마찬가지로 대한민국 안과의 훌륭함에 대해 배우게 될 수 있습니다.

🚨 **싱크대 클리너와 같은 진한 염기성 용액을 사용하며 장갑 안 끼기**

→ 완벽 제모와 아울러 비닐과 같은 반질반질한 피부를 획득할 수 있습니다.

🚨 **과탄산 소다 용액을 만들어서 병에 넣고 밀봉하기**

→ 완벽한 폭탄을 제조하셨군요. 경찰이 찾아올 수 있습니다.

아참, 화장실 관리용으로 과탄산 소다나 구연산 알갱이를 뿌리라고 알려 드렸는데 제발 조금만 사용 바랍니다. 특히 구연산을 너무 뿌려서 타일을 하얗게 만드시는 분들이 종종 나타납니다. 한번 깨끗하게 만든 화장실을 깨끗하게 유지하는 데는 그다지 많은 화학 약품이 필요 없습니다. 적당한 선을 잘 지켜 주세요. 집집마다 화장실의 습기, 크기, 더러움의 정도 등 상황이 각각 다 다르니 정확한 레시피를 드릴 수가 없어요. 각자 시행착오를 거쳐 최적의 방법을 찾아보시길 바랍니다.

게으른 자를 위한 화학 TIP

- 우리는 일상에서 각종 세제, 도시가스, 향수, 탈취 스프레이, 네일 폴리시리무버 등 수많은 화합물과 화학 제품을 만나게 됩니다. 이 중 특히 청소, 빨래 등에 쓰는 세제들은 더러움을 일으키는 요소와 화학 반응을 할 수 있는 큰 에너지를 가지고 있는 화합물입니다. 불을 이용하여 밥을 하고 난방을 하지만 자칫 잘못하면 화재와 화상이 따르는 것처럼 이러한 화합물들도 성질을 잘 알고 적절히 활용한다면 우리 생활은 안전하고 편리하겠지만 잘못 사용하면 큰 위험을 초래할 수 있습니다.
- 일상에서 우리가 가장 흔하게 저지르는 실수가 바로 어떠한 결과를 초래할지 모르는 상태에서 서로 다른 화학 제품을 섞는 것입니다. 이 책을 여기까지 읽은 분들은 다양한 화학 반응에 대해 수준 높은 지식을 갖추게 되었습니다. 그러므로 이 책의 독자가 어처구니없는 실수를 저지르지는 않을 것입니다. 그러나 아직 세상에는 이러한 지식을 가지고 있지 않은 사람들로 넘쳐 납니다. 본인과 가족의 안전을 위해서 주변 사람들에게 화학 지식을 나누어 주세요. 그러면 우리 주변에서 안전사고의 빈도는 확연히 낮아지고 세상은 훨씬 안전한 곳으로 변할 것입니다.

에필로그

우리 일상은 수많은 반복적인 것들로 이루어져 있습니다. 많은 경우 이러한 반복적인 청소와 빨래는 삶에서 해치워야 하는 숙제에 불과하며 우리가 새로운 경험을 하고 삶을 알차게 채워 나가는 것을 방해하는 요소일 뿐입니다. 어제의 밥 짓는 행위가 나의 삶에 무슨 새로움을 줄 것이며 어제와 다르지 않은 오늘의 청소가 어떤 큰 행복을 줄 수 있을까요?

열역학 이야기를 좀 하였는데 우리에게는 스토킹을 염려할 필요가 없는 우렁이 각시가 필요합니다. 새로운 청소 삼총사가 그 역할을 할 수 있을 것이라 생각합니다. 분자 내에 가지고 있는 에너지를 이용하여 집을 깨끗하게 관리해 줄 것이니까요.

이 책을 통하여 화학을 처음 배우는 학생들이 산, 염기, 산화, 환원의 개념을 익히고, 사회 초년생들이 능숙한 살림꾼처럼 자취방을 관리하고, 수많은 가정에서 여유 시간이 확보되어 즐거운 경험들을 해 볼 수 있기를 바랍니다.

세상에는 아직 우리가 경험해 보지 못한 것들로 가득하고 공부를 해 볼 내용도 가득합니다. 반복되는 일상에서 낭비되는 요소를 줄여 새로운 경험을 위한 시간을 버는 것, 바로 그것이 우리가 정신적으로 좀 더 오래 살 수 있는 비결일 수 있습니다. 모두 몸은 게으르되 머릿속은 그 누구보다 부지런한 삶을 즐기며 남아 있는 지구 여행을 멋진 경험으로 가득 채우시기 바랍니다.

• 색인 •

ㅅ

ㅇ

ㅈ

ㅎ

게으른 자를 위한
수상한 화학책

2024년 03월 25일 초판 01쇄 발행
2024년 10월 21일 초판 06쇄 발행

지은이 이광렬

발행인 이규상 편집인 임현숙
편집장 김은영 책임편집 정윤정 책임마케팅 이채영
콘텐츠사업팀 문지연 강정민 정윤정 원혜윤 이채영
디자인팀 최희민 두형주
채널 및 제작 관리 이순복 회계팀 김하나

펴낸곳 (주)백도씨
출판등록 제2012-000170호(2007년 6월 22일)
주소 03044 서울시 종로구 효자로7길 23, 3층(통의동 7-33)
전화 02 3443 0311(편집) 02 3012 0117(마케팅) 팩스 02 3012 3010
이메일 book@100doci.com(편집·원고 투고) valva@100doci.com(유통·사업 제휴)
포스트 post.naver.com/black-fish 블로그 blog.naver.com/black-fish
인스타그램 @blackfish_book

ISBN 978-89-6833-449-8 03400